Der theoretische Wärmeverbrauch einer Rohzuckerfabrik für Verdampfen, Erwärmen, Verkochen und Krafterzeugung

Eine Studie

von

Dipl.-Ing. **Hans Möller**

Betriebsdirektor der Pommerschen
Zuckerfabrik in Anklam

Mit 34 Textfiguren

Berlin
Verlag von Julius Springer
1914

ISBN-13:978-3-642-90119-5 e-ISBN-13:978-3-642-91976-3
DOI: 10.1007/978-3-642-91976-3

Softcover reprint of the hardcover 1st edition 1914

Vorwort.

Die vorliegende Studie beansprucht nicht, etwas Grundlegendes oder gänzlich Neues zu bringen. Sie ist vielmehr nur der Absicht entsprungen, auf Bekanntem aufbauend, dem Ingenieur oder Fabrikleiter eine allgemein gültige, nur das Wesentliche berücksichtigende, alle zufälligen Erscheinungen ausschließende und vor allem bildliche Darstellung des theoretischen Dampfverbrauchs der Rohzuckerfabriken in die Hand zu geben. Mit ihrer Hilfe soll er verschiedene Systeme der Wärmewirtschaft unter Ausschluß aller störenden zufälligen Einflüsse miteinander vergleichen und feststellen können, wie weit eine vorhandene Anlage dem theoretischen Ideal entspricht, und auf welchem Wege sie diesem Ideal angenähert werden kann.

Die bislang vorhandenen, teilweise vorzüglichen Arbeiten über die Dampfwirtschaft in Zuckerfabriken haben eine allgemein gültige Form der Darstellung vermissen lassen, da sie ein Ziel verfolgen, das von dem hier gesteckten verschieden ist und dieses nahezu ausschließt. Diese Arbeiten wollen den Bedürfnissen und Unvollkommenheiten der Praxis gerecht werdende Untersuchungen und Berechnungen darbieten, die es ermöglichen, die für die Praxis erforderlichen Größen der Apparate, Maschinen und Heizflächen für ihren besonderen Zweck zu berechnen. Theoretische Erörterungen spielen hierbei in der Regel nur soweit eine Rolle, als sie dazu dienen, die bei dem gerade zu untersuchenden Falle spielenden Vorgänge zu erklären.

Es ist ein Vorzug und zugleich ein Nachteil dieses Verfahrens, daß es sich auf diese Weise in Einzeldarstellungen erschöpfen muß, die für die Praxis vorzüglich brauchbare Ergebnisse liefern, die aber einen Überblick über das ganze vielfältige und an Spielarten reiche Gebiet unmöglich machen. Es liegt auf der Hand, daß es nicht möglich ist, den Nachteil zu beseitigen, ohne den Vorzug aufzugeben.

Die Einflüsse der Praxis und ihrer störenden Unvollkommenheiten sind so mannigfaltig und von scheinbar geringfügigen Äußerlichkeiten abhängig, daß sie sich einer genauen Berechnung meistens entziehen. Es dürfte schwer, wenn nicht unmöglich sein, durch das Gewirr aller dieser teilweise zufälligen Erscheinungen hindurch den roten Faden des allgemein gültigen und verbindenden Gedankens zu verfolgen. Ein einwandfreier Vergleich verschiedener Systeme der Wärmewirtschaft und die Erkenntnis eines theoretischen Ideals erscheint aber gänzlich ausgeschlossen, da die praktischen Unvollkommenheiten der Systeme sehr verschiedener Natur und von verschiedenem Einflusse sein können, ohne jedoch mit der Art des Systems naturnotwendig verknüpft zu sein.

Man wird daher wählen müssen. Entweder man berücksichtigt alle für eine praktische Berechnung maßgebenden Faktoren, schafft für den unmittelbaren Gebrauch und besondere Zwecke anwendbare Berechnungsformeln und verbreitet sich, wie schon oben gesagt, in einer Reihe von Einzeldarstellungen. Man muß dann aber auf einen allgemeinen und einheitlichen Überblick über das Gebiet der Wärmeverwendung in Rohzuckerfabriken verzichten.

Oder man läßt alle Einflüsse und Umstände der praktischen und technischen Ausführung außer acht und begnügt sich damit, ein rein theoretisches Bild der wichtigsten Vorgänge auszuführen, das den Vorzug allgemeiner Geltung besitzt. Man behält sich dadurch den Blick für das Ganze und das allen Erscheinungen Gemeinsame frei. Man verzichtet dagegen auf die Möglichkeit einer unmittelbaren Anwendbarkeit der gefundenen Ergebnisse auf die Wirklichkeit.

Der letzte Weg ist hier beschritten worden. Es muß an dieser Stelle darauf hingewiesen werden, daß die Schlußfolgerungen aus dem eben Gesagten volle Anwendung auf diese Schrift finden müssen. Es muß also vor dem Versuche gewarnt werden, Formeln und Zahlen der vorliegenden Studie zur Berechnung von Apparatengrößen usw. unmittelbar anwenden zu wollen. Ein solches Verfahren würde unter Umständen ganz unbrauchbare Ergebnisse zeitigen, da die Art der technischen Ausführung, wirtschaftliche Erwägungen u. dgl. etwas theoretisch als richtig Erkanntes in der Praxis verbieten können. Solche Zahlen zu geben, ist ja auch, wie bereits dargelegt, nicht der Zweck dieser Arbeit. Sie soll das zweckmäßigste konstruktive Gerippe der Wärmewirtschaft finden helfen, um welches das blühende Fleisch wachsen zu lassen, Aufgabe der ins einzelne gehenden praktischen Berechnung ist. Sie soll ferner ein theoretisches Ideal aufzustellen versuchen, an dem man erkennen mag, welche hauptsächlichen Fehler die Praxis von der Theorie trennen, und auf welchem Wege man diese Fehler abzuschwächen versuchen kann. Sie kann endlich vielleicht auch zeigen, in welcher Richtung unsere technischen Entwickelungsmöglichkeiten zu suchen sind.

Nach allem Gesagten ist wohl nicht anzunehmen, daß eine Rivalität zwischen den bereits bekannten Arbeiten und der vorliegenden eintreten wird. Es ist vielmehr Raum für beide Arten, ja sie sind aufeinander angewiesen und bestimmt, sich zu ergänzen. Möge auch diese Veröffentlichung an ihrem Teile zu einer Klärung der Ansichten und zu einem glücklichen Fortschritte beitragen.

Auf eine möglichst ausgiebige Verwendung graphischer Darstellungsweise ist Bedacht genommen. Kurven geben ein besseres Bild als Tabellen, erleichtern die Übersicht und prägen sich in ihrem leicht erkennbaren Charakter besser dem Gedächtnisse ein.

Der mühsamen Arbeit der Berechnung und Aufzeichnung eines großen Teiles der beigegebenen Tabellen und Kurven hat sich Herr Chemiker Fr. Schütze-Anklam mit Aufopferung unterzogen.

Um Mißverständnissen und falschen Meinungen vorzubeugen, sei endlich noch erwähnt, obgleich schon der von andern Arbeiten wesentlich verschiedene Gedankengang dieser Studie dafür spricht, daß die vorliegende Ausarbeitung unabhängig von den Untersuchungen der Herren Abraham, Saillard und anderer vorgenommen wurde.

Der Beginn der Arbeit reicht bis in das Jahr 1910 zurück. Dringende Berufsarbeiten hinderten den Verfasser, sie eher zu beendigen und sie so früh herauszubringen, als es ihm selber wünschenswert erschienen wäre.

Anklam, im Februar 1914.

Hans Möller.

Inhaltsverzeichnis.

Einleitung.

Jeder theoretischen Vorstellung liegt unwillkürlich ein Bild aus der Praxis zugrunde, von dem sie abstrahiert ist. So sind auch die folgenden Erörterungen die Früchte von Erfahrungen und Berechnungen, welche die Beschäftigung mit einer vorhandenen Fabrikeinrichtung veranlaßte.

Es erleichtert vielleicht das Verständnis, wenn diese Einrichtung im folgenden kurz geschildert wird, zumal sie eine Reihe von Jahren für deutsche Rohzuckerfabriken vorbildlich gewesen ist und, obgleich überholt, noch immer als typisch für einen großen Teil deutscher Fabriken gelten kann.

Die Saftgewinnung geschieht in der altbekannten Diffusion. Diese nimmt ja auch noch immer, trotz der verschiedenartigsten Neuerungen, die erste Stelle unter den in Deutschland üblichen Saftgewinnungsverfahren ein. Andere Verfahren fallen übrigens ebenfalls, unter leicht vorzunehmenden Änderungen, unter die Geltung des später über die Diffusion zu Sagenden.

Der gewonnene Rohsaft durchströmt eine Reihe von Vorwärmern, wird bei 85^0 geschieden, mit CO_2 saturiert, durch Filterpressen filtriert, nochmals angewärmt, unter Zusatz von Kalkmilch in der zweiten Saturation abermals mit CO_2 saturiert, wieder filtriert, und zwar hintereinander durch Filterpressen und drucklose Beutelfilter. Der so gewonnene Dünnsaft geht dann nochmals durch eine Reihe von Vorwärmern und tritt annähernd mit der Temperatur des ersten Saftkochers in die Verdampfstation ein. Der Dünnsaft hat etwa 13—15% Trockensubstanz, sein Gewicht ist etwa 125—130% des Rübengewichts. In der Verdampfstation wird er auf ein Gewicht von ca. 26—30%, auf Rüben berechnet, mit 60—65 % Trockensubstanz eingedickt.

Aus dem 2. Körper der Verdampfstation wird der Saft als sogenannter Mittelsaft abgezogen, angewärmt, nach Zusatz von Kalkmilch geschwefelt und dem 3. Körper wieder zugeführt.

Der gewonnene Dicksaft wird mittels Vorwärmer angewärmt, durch Großflächenfilter filtriert und in der Vakuumstation unter Zuziehung von Ablauf I. Produkts auf Korn eingekocht. Die Füllmasse hat etwa 6% Wasser. Nach längerer Rührdauer wird die Füllmasse geschleudert und das gewonnene Erstprodukt von normal 88% Rendement zum Verkauf gesackt.

Der entstehende Ablauf von etwa 73—78 Quotient wird im Vakuum blank eingekocht und unter langsamer Abkühlung mehrere Tage gerührt, dann geschleudert. Das entfallende II. Produkt wird aufgelöst und dem Dicksaft zugesetzt. Der zweite Ablauf hat 65—70 Quotient. Gewöhnlich wird dieser Ablauf nochmals eingekocht und in einer Nachproduktenkampagne verarbeitet. Auf die Nachproduktenarbeit ist im folgenden keine Rücksicht genommen, da sie sich bezüglich des Wärmeverbrauchs als eine Erweiterung der Kochstation darstellt, bezüglich ihres Kraftverbrauchs aber jederzeit in den Zahlen über den Kraftbedarf für den Zentner Rübenverarbeitung berücksichtigt werden kann.

Über die Wärmewirtschaft ist folgendes zu sagen: Es sind zwei Kesselbatterien vorhanden. Die erste wird mit 10 at Überdruck betrieben und dient zur Dampferzeugung für die Kraftmaschinen. Die zweite wird mit 3,5 at Überdruck betrieben und dient fast ausschließlich zur Beheizung des ersten Saftkochers der Verdampfstation. Die Verdampfstation besitzt 6 Stufen, bestehend aus 2 Saftkochern und einem 4-Körper-System. Der erste Saftkocher arbeitet mit einer Temperatur von 120°, der Dicksaftkörper mit 65°. Der Maschinenabdampf tritt mit 0,5 at Überdruck in eine Hälfte des Ersten-Körper-Apparates ein, der aus zwei parallel geschalteten gleich großen Verdampfkörpern besteht.

Die Vakuumkochstationen sowohl für I. Produkt als Nachprodukt werden mit Brüden vom 1. Körper beheizt, desgleichen die Diffusion. Der Rohsaft wird hintereinander mit Brüden vom 4., 2. und 1. Körper angewärmt, der Dünnsaft nach der 1. Filtration mit Brüden vom 1. Körper, der Dünnsaft vor Einführung in die Verdampfstation mit Brüden vom 2. und 1. Saftkocher. Der Mittelsaft erfährt ebenso wie der Dicksaft eine Anwärmung mit Brüden vom 1. Körper. Der Brüden vom 4. Körper findet gleich dem Vakuumbrüden Verwendung in Diffusionswasservorwärmern.

Das Kondensat aus dem 1. und 2. Saftkocher wird mittels Kondenswasserrückleitern den Kesseln restlos als Speisewasser zugeführt. Das Kondenswasser aus den übrigen Körpern wird teils dem Batteriedruckwasser zur Temperaturerhöhung zugesetzt, teils als Absüßwasser bei den ersten Pressen verwendet.

Es ist eine Dampfschnitzeltrocknung vorhanden, der die abgepreßten Schnitzel infolge Verwendung heißer Kondenswässer in der Batterie mit einer Temperatur von ca. 50^0 zugeführt werden.

In der Krafterzeugung ist eine zwar nicht völlige, aber ziemlich weitgehende Konzentration durchgeführt. Die Zentralkondensation ermöglicht die Verwendung nur einer Luftpumpe, die mit der Kohlensäurepumpe zusammen von einem Dampfzylinder aus betrieben wird. Sämtliche Saftpumpen hängen an einem Dampfzylinder, die Heißwasserpumpen besitzen Transmissionsantrieb von einer der beiden Transmissionsdampfmaschinen für Rübenhaus und Zuckerhaus. Die Wasserpumpe besitzt besonderen Dampfzylinder. Die elektrische Lichtstation wird von einer besonderen Dampfmaschine betrieben, deren Abdampf ebenfalls der Verdampfstation zugeht. Auf eine gute Kesselhauskontrolle ist Wert gelegt.

A. Allgemeine Betrachtung.

Bei rein äußerlicher Anschauung gliedert sich der theoretische Wärmebedarf einer Rohzuckerfabrik nach dem Verwendungszweck der Wärme in folgende Bedarfsgruppen:

1. Wärmebedarf für mechanische Kraftleistung, die der Betrieb erforderlich macht (Transport, Zerkleinern, Rühren etc.).
2. Wärmebedarf für Anwärmung der Schnitzel, von Saft und Wasser, da die Fabrikationsvorgänge sich nur bei Temperaturen abspielen können, die erheblich über der Temperatur der Umgebung liegen.
3. Wärmebedarf beim Eindampfen und Verkochen der Säfte. (Ausscheidung des Lösungswassers aus den Zuckersäften.)
4. Wärmebedarf zur Deckung der Wärmeverluste durch Ausstrahlung, Berührung etc.

5. Wärmebedarf zur Herstellung des Ätzkalkes und der Kohlensäure (Kalkofen) sowie zur Scheidung und Saturation.

Gruppe 5 soll in der vorliegenden Betrachtung künftig ausgeschaltet werden, da die Herstellung von Ätzkalk, die Scheidung und Saturation in der bislang gebräuchlichen Anordnung zu dem den Gegenstand der Untersuchung bildenden Wärmeverbrauchskreise nur in verhältnismäßig losem Zusammenhange stehen, einen Fabrikationsvorgang gewissermaßen für sich bilden, und daher für das folgende kein Interesse bieten.

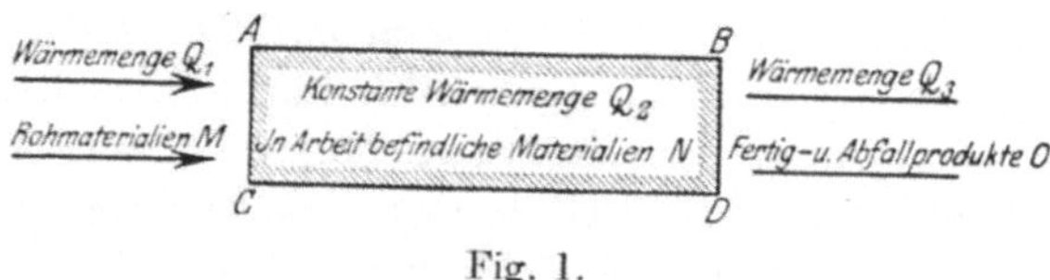

Fig. 1.

Eine zusammenfassende Betrachtung des ganzen Fabrikationsvorganges wird zeigen, daß von den erstgenannten 4 Gruppen nur 2 als solche angesehen werden können, deren Charakter einen Wärmeverbrauch als unumgänglich notwendig erscheinen läßt.

Stellt man sich nämlich die Zuckerfabrik als einen Raum vor, der von einem wärmeadiabatischen Mantel ringsum dicht umschlossen ist, und setzt man voraus, daß in der Fabrikation ein Beharrungszustand eingetreten ist, daß also Schwankungen im Wärmeverbrauch und der Verarbeitung nicht mehr stattfinden, oder mit andern Worten, die Wärme und die Materien in einem ununterbrochenen, gleichmäßigen Strome den Fabrikraum durchfluten, so läßt sich dieser Zustand unter Zugrundelegung der Fig. 1 folgendermaßen charakterisieren.

Rechteck A B C D sei der von einem wärmeadiabatischen Mantel umschlossene Fabrikraum. Im Beharrungszustande ist dieser mit einem an Menge und Beschaffenheit sich immer gleich bleibenden Quantum N von in Arbeit befindlichen Materialien erfüllt und umschließt eine ebenfalls unveränderliche Wärmemenge Q_2. Da im Beharrungszustande weder eine Anstauung von Wärme noch eine Anhäufung von Materialien zugegeben werden kann, so muß aus der Fabrik an Wärme und

Materialien ebensoviel ausgeführt werden als eingeführt wird, es muß also $Q_1 + M = Q_3 + O$ sein.

Um Mißverständnisse zu vermeiden, sei hier darauf aufmerksam gemacht, daß an dieser Stelle unter Materialien nicht nur die zur Verarbeitung gelangenden Rüben und deren Endprodukte, sondern ganz allgemein alles Stoffliche verstanden werden muß, das in der Fabrikation in Erscheinung tritt, wie z. B. Wasser, Kalk, Schnitzel, Kondenswasser, Schlamm etc.

Die Fertig- und Abfallprodukte O haben während der Fabrikation, bei ihrer Entstehung aus den Rohmaterialien M, eine Arbeitsleistung L erfordert, man kann sagen, in sich aufgenommen, die für Ortsveränderung, Trennung des Gefüges, chemische Bindung usw. geleistet wurde.

Es ist also

$$1. \qquad O = M + L.$$

Da nun

$$2. \qquad Q_1 + M = Q_3 + O$$

ist, so ergibt sich unter Einsetzung der vorigen Beziehung

$$3. \quad Q_1 + M = Q_3 + M + L$$

oder unter Fortfall von M

$$4. \qquad Q_1 = Q_3 + L.$$

Diese Gleichung sagt: Die eingeführte Wärmemenge wird verbraucht zur Bestreitung der in der Fabrikation erforderlichen mechanischen und chemischen Kraftleistung, die aufgewendet werden kann z. B. für Ortsveränderung, Trennung des Gefüges der Materialien, chemische Bindung usw. und der Wärmeverluste in weitestem Sinne, die die Fabrik nach außenhin abgibt.

Als Wärmeverluste in weitestem Sinne sind anzusehen: Verluste durch Schornsteinabgase, Wärmeausstrahlung aller heißen Körper, Wärmeabführung durch erwärmte Luft aus den Fabrikräumen, durch Kondens- und Fallwasser, Dampfundichtigkeiten, Abkühlung der heißen Fertig- und Abfallprodukte usw. — Daß auch die Wärmebeträge für Anwärmung letzten Endes in diese Gruppe der Wärmeverluste gehören, zeigt die kurze Überlegung, daß die erzielte Anwärmung ja nicht bestehen bleibt, sondern durch Abkühlung der Endprodukte und Abfälle bei fortschreitender Fabrikation wieder verloren geht.

Die obengenannten 4 Bedarfsgruppen lassen sich also, wie schon behauptet, zurückführen auf 2, nämlich

1. Wärmebedarf für mechanische und chemische Kraftleistung,
2. Wärmebedarf zur Deckung der Wärmeverluste im weitesten Sinne.

Es ergibt sich daher die Feststellung, daß die ganze im Kesselhause erzeugte Wärme, soweit sie nicht in Kraftleistung umgewandelt wird, zur Heizung der umgebenden Atmosphäre dient.

Eine etwas kürzere Überlegung führt zum gleichen Ziele. Alle Wärme, die nicht chemisch oder mechanisch gebunden wird, muß als solche bestehen bleiben und in gleicher Menge abgeführt werden, wie sie zugeführt wurde. Da chemische Wärmebindung in der Zuckerfabrikation nur in verhältnismäßig geringem Maße erfolgt, also vernachlässigt werden kann, so kommt fast allein mechanische Bindung durch Erzeugung von Kraft in Betracht. Alles andere muß als Wärme wieder nach außen abgegeben werden.

Der Wärmebedarf einer Rohzuckerfabrik wird dann möglichst klein sein, wenn die Wärmeausgabe für die beiden als wesentlich erkannten Bedarfsgruppen der mechanischen Kraftleistung und der Wärmeverluste möglichst eingeschränkt wird.

Als ungünstig in diesem Sinne sind also zu bezeichnen:

1. Viele einzelne Maschinen mit schlechtem mechanischen Wirkungsgrad wie Schiebermaschinen und derartige, ferner große Transmissionen mit schweren Lagern und ungenügender (fester) Schmierung, ungeeignete Transport- und Hebevorrichtungen, sowie Verzettelung des Transportes.
2. Schlechte Wärmeausnutzung im Kesselhause und ungenügende Wärmeisolierung in der Fabrik selber.

Die Gruppe der Wärmeverluste zeigt bei näherer Untersuchung jedoch noch wesentliche Unterschiede. Es lassen sich ohne weiteres zwei Untergruppen klar erkennen:

1. die der ideell unvermeidlichen Wärmeverluste,
2. die der ideell vermeidlichen Wärmeverluste.

Die erste Untergruppe läßt sich fast restlos auf den einen Fall zurückführen, daß das gesamte Saftquantum zum Zwecke der Verdampfung und Verkochung auf eine höhere Temperatur, die Anfangstemperatur der Verdampfung, gebracht werden muß, die bei fortschreitender Fabrikation notgedrungen wieder verloren geht. Um etwaigen Einwänden zu begegnen, soll hervor gehoben werden, daß diese Verluste zwar durch Wärmeaustausch, wie es im folgenden bei der Verdampfung besprochen werden soll, wieder aufgehoben werden, aber nicht von vornherein verhindert werden können, wie es bei der zweiten Untergruppe der Fall ist. Der genannte Verlust wird umso größer sein, je höher die Anfangstemperatur der Verdampfung liegt. Man hat also ein wärmetechnisches, nicht nur ein chemisches Interesse daran, die Anfangstemperatur der Verdampfung möglichst niedrig zu halten.

Es sei ferner noch bemerkt, daß eine Ausscheidung des Zuckers aus dem Safte mittels Gefrierverfahrens aller Wahrscheinlichkeit nach keine Herabminderung dieses Verlsutes oder der Fabrikationskosten überhaupt herbeiführen würde, da der Vorteil der geringeren Temperaturdifferenz gegenüber der Außentemperatur durch die höheren Kosten einer Kältekalorie gegenüber einer Wärmekalorie wieder aufgehoben wird.

Die zweite Untergruppe charakterisiert sich ohne weiteres als Wärmeverluste im landläufigen Sinne, die sich praktisch auf jedes beliebige Maß, theoretisch auf Null herabmindern lassen. Sie entstehen im Kesselhause durch mangelhafte Ausnutzung des Heizwertes der Kohlen, in der Fabrik durch Dampfverluste infolge von Undichtigkeiten, Entweichen von Brüden, Ausstrahlung heißer Körper, Wärmeübertragung durch Berührung (bewegte Luft und berührendes Kühlwasser) usw.

B. Der Wärmebedarf der einzelnen Stationen.

Im folgenden sollen die einzelnen wärmeverbrauchenden Stationen der Rohzuckerfabrik auf ihren theoretischen Wärmebedarf hin untersucht werden. Es soll hierbei nach Möglichkeit festgestellt werden, auf welche Weise am besten der in der Praxis immer höhere Wärmeverbrauch herabgemindert werden kann.

Am ausführlichsten muß hierbei die Verdampfstation behandelt werden, da sie in der Praxis den größten Wärmeverbrauch aufweist. Wenn im folgenden die Rede sein wird von einer reinen und einer gemischten Verdampfung, so soll durch diese Bezeichnung der Unterschied ausgedrückt werden zwischen einer Verdampfung, die nur zu Verdampfungszwecken dient, und einer Verdampfung, die außerdem noch Brüden an andere Verwendungsstellen, zu Vorwärmezwecken usw. abgibt.

I. Die reine einstufige Verdampfung.

In dem bisherigen Gange der Betrachtung ist die Verdampfung nicht als notwendig wärmeverbrauchend genannt worden. Die folgende kurze und einfache Überlegung bestätigt, daß diese Behauptung richtig ist.

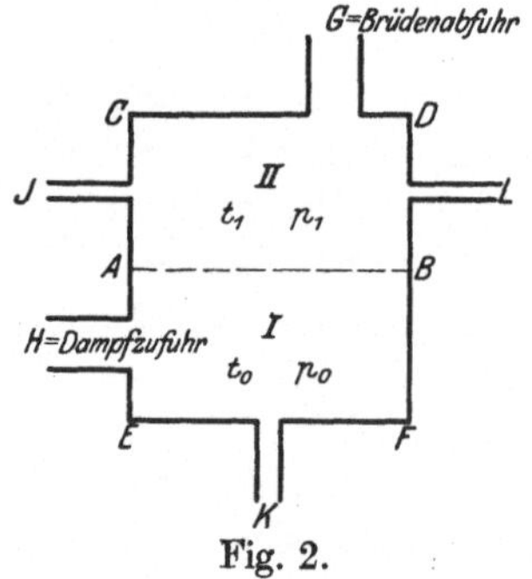

Fig. 2.

In Fig. 2 sei C D E F ein Hohlkörper, der rings von einem wärmeadiabatischen Mantel dicht umschlossen ist. Er enthalte eine wärmedurchlässige Trennungswand A—B, die ihn in zwei hermetisch voneinander abgeschlossene Räume I und II zerlegt. In II befinde sich eine Lösung von der Temperatur t_1 und dem zugehörigen Sättigungsdrucke p_1, in I dagegen gesättigter Dampf von t_0 Temperatur und dem zugehörigen Sättigungsdrucke p_0. Durch Dampfzufuhr bei H und durch Brüdenabfuhr bei G werde dafür gesorgt, daß t_0, p_0 u. t_1, p_1 konstant bleiben, das ganze System sei also im Gleichgewicht. Um dieses Gleichgewicht und den Wärmegehalt von C D E F konstant zu erhalten, ist es außerdem noch notwendig, bei J für ständigen Ersatz des verdampften Lösungswassers und bei K für ständige Abführung des erhaltenen Kondenswassers zu sorgen. Da ferner bei J Lösungswasser nur in Verbindung mit gelöster Trockensubstanz eingeführt werden kann, so muß bei L diese Trockensubstanz in gleicher Menge und mit gleichem Wärmegehalt wieder ausgeführt werden.

Ist nun Wärmegefälle zwischen I u. II vorhanden, so wird Wärme durch die Trennungswand hindurchwandern. Da der

Wärmegehalt von I u. II genau begrenzt ist, so ist klar, daß für jede Kalorie oder jedes Teilchen einer solchen, das durch A B hindurchwandert, ein gleich großer Betrag bei G abgeführt und bei H zugeführt werden muß.

Gleichzeitig mit dieser Wärmewanderung oder vielmehr hervorgerufen durch sie spielen sich in I und II folgende Vorgänge ab: Der Dampf in I gibt seine Verdampfungswärme durch A B hindurch ab und wird kondensiert entsprechend der abgegebenen Wärmemenge. Bezeichnet λ die Gesamtwärme und q die Flüssigkeitswärme eines Dampfes nach üblicher Bezeichnung, so gibt ein Kilogramm Dampf an II ab $\lambda_0 - q_0$ cal,und es bleibt zurück 1 kg Kondenswasser mit dem Wärmegehalt q_0.

Durch Wärmeaufnahme wird die Lösung in II gezwungen, einen Teil des in ihr enthaltenen Lösungswassers in Dampf umzuwandeln, da sie nicht imstande ist, in flüssigem Zustande eine größere Wärmemenge aufzunehmen als ihren konstant gehaltenen t_1 und p_1 entspricht.

Zur Bildung von einem Kilogramm Dampf in II ist, da die Flüssigkeit bereits die Temperatur t_1 und damit die Flüssigkeitswärme q_1 besitzt, nur noch eine Wärmemenge $\lambda_1 - q_1$ erforderlich. Werden in I a kg Dampf kondensiert und in II b kg Dampf erzeugt, so muß die Beziehung bestehen

$$1) \qquad a\,(\lambda_0 - q_0) = b\,(\lambda_1 - q_1),$$

da gleichviel Wärme von der Wand A B aufgenommen und abgegeben werden muß. Durch Umformung obiger Gleichung erhält man

$$2) \qquad b = \frac{a\,(\lambda_0 - q_0)}{\lambda_1 - q_1}.$$

Ein- und Ausfuhr balanzieren nun folgendermaßen:

1. Einfuhr

bei H . . . . $a \cdot \lambda_0$
bei J . . . . $b \cdot q_1$
und . . . . $s \cdot w_1$,

wobei s die mit b eingeführte Trockensubstanz und w_1 ihren Wärmegehalt bei t_1 Temperatur und p_1 Druck bedeute.

2. Ausfuhr

bei G . . . . $b \cdot \lambda_1$
bei L . . . . $s \cdot w_1$
bei K . . . . $a \cdot q_0$.

Ein- und Ausfuhr müssen gleich sein, es besteht also die Gleichung:

3) $$a\,\lambda_0 + b\,q_1 + s\,w_1 = b\,\lambda_1 + a\,q_0 + s\,w_1$$

oder unter Fortfall von $s\,w_1$ auf beiden Seiten

4) $$a\,\lambda_0 + b\,q_1 = b\,\lambda_1 + a\,q_0.$$

Gleichung 4) ist mit Gleichung 1) identisch, da ja notwendigerweise Ein- und Ausfuhr mit dem Durchgang durch die wärmedurchlässige Trennungswand A B übereinstimmen müssen. Gleichung 4) sagt in Worten, daß man in die oben beschriebene und durch Fig. 2 verdeutlichte einstufige Verdampfstation, um b kg Wasser aus der Lösung zu verdampfen, hineinstecken muß: die Gesamtwärme von a kg Heizdampf und die Flüssigkeitswärme von b kg Lösungswasser, daß man dagegen wieder erhält: die Gesamtwärme von b kg Brüden aus der zu verdampfenden Lösung und die Flüssigkeitswärme von a kg Kondenswasser, das aus dem Heizdampf niedergeschlagen wird.

Ideell kann man das Kondenswasser restlos und ohne Wärmeverlust dem Heizdampferzeuger wieder zuführen, wobei auch eine Arbeitsleistung vermieden werden kann, falls man dafür sorgt, daß im Heizsystem des Verdampfers der gleiche Druck herrscht wie im Heizdampferzeuger. Die im Verdampfungsbrüden enthaltene Wärme steht zu andern Heizzwecken wieder zur Verfügung.

Die Trennung des Lösungswassers von der in der Lösung enthaltenen Trockensubstanz hat also keinen Wärmeaufwand beansprucht. Der Vorgang der Aggregatzustandsänderung wirkt vielmehr, grobsinnlich ausgedrückt, wie ein Sieb ohne Bewegungswiderstände, welches das Lösungswasser mit unverminderter Bewegungsenergie passieren läßt, die Trockensubstanz aber zurückhält.

Man kann sich auch vorstellen, daß man gegen eine Vergütung nach Wärmegehalt den erhaltenen Verdampfungsbrüden und das entstehende Kondenswasser weiter verkauft, z. B. an ein Fernheizwerk, an eine Wäscherei oder Trocknerei. Man würde so den Gesamtwärmewert des Heizdampfes bezahlt erhalten und obendrein noch den Flüssigkeitswärmewert des Lösungswassers, so daß man sogar einen Teil des in Abschnitt I als ideell unvermeidlich bezeichneten Verlustes durch Austausch wieder wettmachen könnte. Die Verdampfung hätte man in diesem Falle gänzlich umsonst.

In praktischem Falle wäre eine Rohzuckerfabrik z. B. sehr wohl imstande, in einer einstufigen Verdampfung den Heizdampf für eine mit Dampf betriebene Schnitzeltrocknung aufzubringen, und somit entweder die Kohlenkosten für die Verdampfung oder für die Schnitzeltrocknung zu sparen.

Ununtersucht ist bislang die aus Gleichung 3) ausgefallene Größe $s \cdot w_1$ geblieben. Dieser Wärmegehalt der Trockensubstanz, der in praktischem Falle, da man nicht bis zur gänzlichen Trockne eindampft, mit dem Wärmegehalt des Dicksaftes übereinstimmt, geht unverändert durch die einstufige Verdampfung hindurch, wird also nicht durch Austausch nutzbar gemacht, da an eine Verwendung dieses Endproduktes zum Anwärmen von anderen Stoffen der schlechten Wärmeübertragung wegen praktisch kaum gedacht werden kann. Wir sehen in diesem Wärmeverlust den Rest jener ideell unvermeidlichen Verluste, der nicht durch Austausch beseitigt zu werden pflegt.

II. Die reine mehrstufige Verdampfung.

Die einstufige Verdampfung zeigt zwar, daß eine Eindampfung ohne Wärmekosten durchzuführen ist, daß aber eine Abdampfwärmeabgabe immer auftreten muß, die erst an anderer Stelle, unter Umständen sogar unter Heranziehung einer andern Industrie, wieder unschädlich gemacht werden kann. Bei dieser Sachlage kann die einstufige Verdampfung nicht zu den Wärmeverbrauchsstellen gerechnet werden, die nur ideell gänzlich vermeidliche Wärmeverluste aufweisen. Auch ist eine Wärmeabgabe an andere Industrien der örtlichen Lage der Zuckerfabrik wegen nicht immer möglich.

Die Verdampfung zu einer ideell gänzlich wärmebedarfslosen Station zu gestalten, gelang erst durch Ausführung des genialen Vorschlages von Rillieux.

Die Zerlegung des Verdampfungsvorganges in mehrere Stufen und die Wiederbenutzung des in einer Stufe entstehenden Verdampfungsbrüdens als Heizdampf in der nächsten Stufe, soll im folgenden in weitestem Rahmen einer rein theoretischen Erörterung auf ihre Folgen untersucht werden.

Fig. 3 stellt eine x-stufige Verdampfung im Schema dar. Zur Vereinfachung des Gedankenganges sei auch hier wieder angenommen, daß die Verdampfstation rings mit einem wärme-adiabatischen Mantel umgeben ist, daß also Abkühlungsverluste durch die Oberfläche ausgeschlossen sind. Ferner werde vorausgesetzt, daß Druck und Temperatur im Brüdenraum jeder Stufe gleich seien dem Druck und der Temperatur im Heizraum der folgenden Stufe.

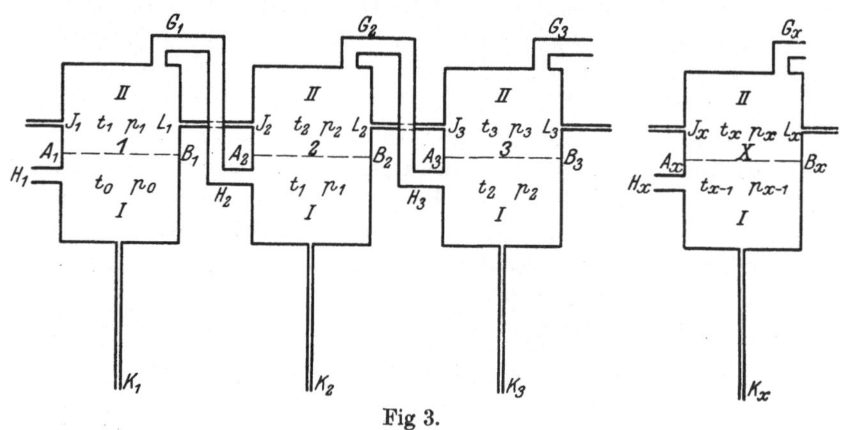

Fig 3.

I ist Heizraum, II Verdampfraum jedes Körpers.

A—B bedeutet die wärmedurchlässige Trennungswand zwischen I u. II.

$t_0 \div t_x$ seien die Sättigungstemperaturen in den Heiz- und Verdampfräumen.

$p_0 \div p_x$ die zugehörigen Sättigungsdrücke der Dämpfe.

$\lambda_0 \div \lambda_x$ ist die Gesamtwärme bei den Temperaturen $t_0 \div t_x$.

$q_0 \div q_x$ bedeutet die zugehörige Flüssigkeitswärme.

l_0 die in der Zeiteinheit in den Körper 1 eintretende Lösungsmenge.

$l_1 \div l_x$ die in der Zeiteinheit aus den Körpern $1 \div x$ tretenden Lösungsmengen.

$u_0 \div u_x$ die Wärmegehaltszahlen dieser Lösungsmengen.

y Anzahl der Verdampfungsstufen.

H ist wieder Heizdampfeingang.

G Brüdenausgang.

K Kondenswasserausgang.
J Lösungseintritt.
L Austritt der eingedampften Lösung.

Für den Körper 1 gilt dann wieder wie bei der einstufigen Verdampfung die Beziehung

1. $$a(\lambda_0 - q_0) = b(\lambda_1 - q_1),$$

wobei a die Menge des eintretenden Heizdampfes, b die Menge des erzeugten Brüdens bedeutet.

Wird nun in Körper 2 b als Heizdampf verwendet und c als Brüden erzeugt, dann wieder d in Körper 3 usw., bis schließlich z — 1 Heizdampf in den Körper x eintritt und dort z kg Brüden erzeugt, so gelten hintereinander die Beziehungen

2) $b(\lambda_1 - q_1) = c(\lambda_2 - q_2)$

3) $c(\lambda_2 - q_2) = d(\lambda_3 - q_3)$ und schließlich

4) $z - 1(\lambda_{x-1} - q_{x-1}) = z(\lambda_x - q_x)$.

Durch Aneinanderreihen dieser Gleichungen folgt ohne weiteres, daß die rechten Seiten der Gleichungen 2) bis 4) sämtlich gleich $a(\lambda_0 - q_0)$ sind, mithin auch

5) $$a(\lambda_0 - q_0) = z(\lambda_x - q_x)$$

Die Menge des im x ten Körper erzeugten Verdampfungsbrüdens steht also in unmittelbarer Abhängigkeit von der Menge des in den Heizraum des ersten Körpers eingeblasenen Heizdampfes, und ist direkt proportional dem Verhältnis der Verdampfungswärme $(\lambda_0 - q_0) = r_0$ des ersten Heizdampfes zu der Verdampfungswärme $(\lambda_x - q_x) = r_x$ des Verdampfungsbrüdens der x ten Stufe. Die Gleichung ist ein Ausdruck für den unveränderten Durchgang der Wärme vom 1 ten bis x ten Körper.

Zur Aufstellung der Bilanz zwischen Wärmeein- und -ausgang sind hier aber noch einige weitere Punkte zu beachten, die bei der einstufigen Verdampfung nicht in Betracht kommen.

Bei J_1 tritt in den Körper 1 die ursprünglich vorhandene Lösung in der Menge l_0 und mit der Flüssigkeitswärme $(l_0 - s)\,q_1 + s\,w_1$ ein. s sei hier wieder die in l_0 enthaltene Trockensubstanz und w_1 der Wärmegehalt derselben, der sich darstellt als die Differenz zwischen dem Wärmegehalt einer Gewichtseinheit Lösung und dem Wärmegehalt des in dieser Gewichtseinheit enthaltenen Wassers. Für den Wärmegehalt der Lösung sei hier der Vereinfachung halber der Ausdruck u_0 gesetzt, so daß

6) $$l_0 u_0 = (l_0 - s) q_1 + s w_1 \text{ wird.}$$

In Körper 1 tritt also ein durch $J_1 : l_0 u_0$.

Verdampft wird in Körper 1 b kg Wasser aus der Lösung, durch L_1 können demnach nur abgeführt werden

7) $$l_1 u_1 = l_0 u_0 - b q_1.$$

Nach Gleichung 6) ist aber

$$l_0 u_0 = (l_0 - s) q_1 + s w_1$$

und demnach aus Gleichung 6) und 7)

7 a) $$l_1 u_1 = l_0 u_0 - b q_1 = (l_0 - b - s) q_1 + s w_1.$$

Tritt jetzt $(l_0 - b)$ mit der Temperatur t_1 und dem Drucke p_1 nach dem Körper 2 über, wie es in der Verdampfstation der Fall ist, so wird die Lösung von dem höheren Drucke p_1 befreit, sie muß sich gleichzeitig auf die Temperatur t_2 abkühlen. Es wird also Wärme frei. Die erforderliche Wärmeabgabe erfolgt dadurch, daß die aus dem Unterschiede zwischen t_1 und p_1 und t_2 und p_2 freiwerdende Wärmemenge verbraucht wird zur Verdampfung eines Teiles des in der Lösung enthaltenen Wassers.

Die freiwerdende Wärmemenge ist gleich der Differenz

8) $$D_1 = (l_0 - b - s) q_1 + s w_1 - (l_0 - b - s) q_2 - s w_2.$$

Die Menge des hiermit zu verdampfenden Lösungswassers sei γ. Zu der Verdampfung von γ ist dann nötig

9) $$\gamma (\lambda_2 - q_2) = D_1$$

Es ist also, da die Werte 8) und 9) einander gleich sind

10) $$\gamma (\lambda_2 - q_2) = (l_0 - b - s) (q_1 - q_2) + s (w_1 - w_2)$$

und

11) $$\gamma = \frac{(l_0 - b - s) (q_1 - q_2) + s (w_1 - w_2)}{\lambda_2 - q_2}.$$

Für γ gelten dann dieselben Beziehungen, die früher in den Gleichungen 1) bis 5) für a bis z festgesetzt wurden durch die Reihe der noch folgenden Körper hindurch. γ veranlaßt also für sich eine Mehrfachverdampfung in den noch folgenden Körpern.

In Körper 2 werden weiter noch verdampft c kg Lösungswasser mit einem Wärmegehalt von $c q_2$. Auf dem Wege durch

L_2 verlassen demnach den Körper 2 nur noch folgende Wärmemengen:

12) $$l_2 u_2 = (l_0 - b - s)\, q_2 + s\, w_2 - \gamma\, q_2 - c\, q_2$$

oder

13) $$l_2 u_2 = (l_0 - b - \gamma - c - s)\, q_2 + s\, w_2.$$

Dieser Ausdruck wird sich für die folgenden Körper analog entwickeln, so daß wir für den 3. Körper erhalten

14) $$l_3 u_3 = (l_0 - b - \gamma - c - \delta - d - s)\, q_3 + s\, w_3$$

und endlich für den x ten Körper

15) $$l_x u_x = (l_0 - b - \gamma - c - \delta - d \ldots - (\omega - 1) - (z - 1) - \omega - z - s)\, q_x + s\, w_x$$

oder anders geschrieben

16) $$l_x u_x = [l_0 - (b + c + d + \ldots (z - 1) + z) - (\gamma + \delta + \varepsilon \ldots + (\omega - 1) + \omega) - s]\, q_x + s\, w_x.$$

Wenn man hierin

$$(b + c + d + \ldots (z - 1) + z) = A$$

und

$$(\gamma + \delta + \varepsilon + \ldots (\omega - 1) + \omega) = B$$

setzt, so erhält die Gleichung 16) die Form

17) $$l_x \cdot u_x = (l_0 - A - B - s)\, q_x + s\, w_x.$$

Die Gleichung 17) ist ein Ausdruck für die Wärmemenge, die den Körper x nach Erzielung der gewünschten Eindampfung mit der eingedickten Lösung verläßt.

Es kommt nun noch darauf an, die in Gleichung 17) enthaltenen beiden unbekannten Größen A und B zu bestimmen. Zu ihrer Charakteristik kann aber schon jetzt einiges gesagt werden.

Die Größe A setzt sich aus den Größenbeträgen derjenigen Teile des Lösungswassers zusammen, die durch Einwirkung des Heizdampfes a aus der ursprünglichen Lösungsmenge l_0 heraus verdampft werden. Da die hierzu erforderliche Wärmemenge der Lösung in der Verdampfstation von außen her zugeführt werden muß, so kann man diesen Teil der Verdampfungsleistung mit **äußerer Verdampfung** bezeichnen.

Die Größe B dagegen setzt sich aus den Größenbeträgen derjenigen Teile des Lösungswassers zusammen, die durch freiwerdende Eigenwärme der Lösung verdampft werden. Da diese Wärme beim Eintritt der Lösung in die Verdampfstation in dieser Lösung bereits vorhanden, gleichsam an sie gebunden ist und erst durch Druckentlastung und Abkühlung im Laufe der Verdampfung frei wird, so kann man diesen Teil der Verdampfungsleistung zweckmäßig mit **innerer Verdampfung** bezeichnen.

a) Die äußere Verdampfung.

Zur Berechnung der Größe A geben die Gleichungen 1) bis 5) einen Anhalt. Durch Umformen dieser Gleichungen erhält man

$$18)\qquad b = a\frac{(\lambda_0 - q_0)}{(\lambda_1 - q_1)}.$$

$$19)\qquad c = a\frac{(\lambda_0 - q_0)}{(\lambda_2 - q_2)}.$$

$$20)\qquad d = a\frac{(\lambda_0 - q_0)}{(\lambda_3 - q_3)}.$$

$$21)\qquad z = a\frac{(\lambda_0 - q_0)}{(\lambda_x - q_x)}.$$

Durch Addition der Gleichungen 18) bis 21) folgt

$$22)\qquad b + c + d + \ldots + (z - 1) + z = A$$

$$= a\,(\lambda_0 - q_0)\left[\frac{1}{\lambda_1 - q_1} + \frac{1}{\lambda_2 - q_2} + \frac{1}{\lambda_3 - q_3} + \ldots \frac{1}{\lambda_{x-1} - q_{x-1}} + \frac{1}{\lambda_x - q_x}\right].$$

da $\lambda_0 - q_0 = r_0$ (Verdampfungswärme) ist und $\lambda_1 - q_1 = r_1$ usw., so vereinfacht sich noch der Ausdruck auf

$$23)\qquad A = a \cdot r_0\left(\frac{1}{r_1} + \frac{1}{r_2} + \frac{1}{r_3} \ldots + \frac{1}{r_x}\right).$$

Um diese Gleichung in eine übersichtlichere Form zu bringen, sei es gestattet, hier eine vereinfachende Annahme zu machen.

Man kann annähernd setzen

$$\lambda = 606{,}5 + 0{,}305\,t,$$

λ also als eine lineare Funktion von t darstellen.

Ebenfalls gilt annähernd

$$q = 1{,}00\,t.$$

q ist also ebenfalls eine lineare Funktion von t. Mithin ist auch $r = \lambda - q = 606{,}5 - 0{,}695\,t$ eine einfache lineare Funktion von t.

Für das folgende ist es nun notwendig, die Anfangstemperatur t_0 als feststehend, als konstant zu betrachten und ebenfalls den Temperaturabfall $\Delta\,t$ zwischen Heizraum und Verdampfraum.

Dann ist

$$r_0 = 606{,}5 - 0{,}695\,t_0$$

oder

24) $$r_0 = C - D\,t_0$$

ferner

25) $$r_1 = C - D\,(t_0 - \Delta\,t)$$

oder

25 a) $$r_1 = C - D\,t_0 + D\,\Delta\,t$$

gleich

25 b) $$r_1 = r_0 + D\,\Delta t.$$

Für $D\,\Delta\,t$ kann man, da auch $\Delta\,t$ konstant ist, eine weitere Konstante E einführen. Dann ist $E = D\,\Delta\,t$ und

25 c) $$\begin{aligned} r_1 &= r_0 + E \\ r_2 &= r_0 + 2\,E \\ r_3 &= r_0 + 3\,E \\ r &= r_0 + x\,E, \end{aligned}$$

Gleichung 23) schreibt sich dann

26) $$A = a\,r_0 \left[\frac{1}{r_0 + E} + \frac{1}{r_0 + 2E} + \frac{1}{r_0 + 3E} + \cdots\cdots + \cdots\cdots - \frac{1}{r_0 + (x-1)\,E} + \frac{1}{r_0 + x\,E}\right].$$

Der Klammerausdruck läßt sich auch schreiben:

$$\sum_{y=1}^{y=x} \frac{1}{r_0 + y\,E},$$

wobei zu beachten ist, daß diese Summe nicht integrierbar ist, da y keine stetige Funktion ist, sondern nur immer um die Größe + 1 bis x stufenweise zunimmt.

Gleichung 26) erhält demnach den endgültigen Ausdruck

27) $$A = a\,r_0 \sum_{y=1}^{y=x} \frac{1}{r_0 + y\,E}\,.$$

Die Zahl x ist begrenzt durch die Beziehung

28) $$y\,\Delta\,t = x\,\Delta\,t = t_0 - t_x$$

also

28a) $$y = x = \frac{t_0 - t_x}{\Delta\,t}\,.$$

Bei endlichem $t_0 - t_x$, endlichem a und unendlich kleinem $\Delta\,t$ wird

$$y = x = \infty \text{ und damit auch}$$
$$A = \infty$$

Ist dagegen a unendlich klein, $t_0 - t_x$ wieder endlich und $y = x$ unendlich groß bei unendlich kleinem Δ t, so wird A eine beliebig große endliche Größe.

Man kann also mit einer beliebig kleinen Menge Heizdampf theoretisch eine beliebig große Menge Lösungswasser verdampfen, wenn man nur die Zahl der Verdampfungsstufen genügend groß nimmt. Der Grenzfall ist der, daß $a = 0$ wird und A endlich groß bleibt. Hiermit ist bewiesen, daß eine mehrstufige Verdampfung in ideellem Grenzfalle keine Wärme zur Verdampfung benötigt.

Gleichung 27) ist der Gleichung 2) des vorigen Abschnittes vollkommen gleichsinnig. Für einstufige Verdampfung ist nämlich

$$y = 1 \text{ und } r_0 + y\,E = r_1$$

Infolgedessen wird $A = a\,\frac{r_0}{r_1}$, wie im vorigen Abschnitt ebenfalls festgelegt wurde.

b) Die innere Verdampfung.

Erheblich verwickelter liegen die Verhältnisse bei der inneren Verdampfung.

Die Größe B setzt sich, wie definiert, aus den Größenbeträgen derjenigen Teile des Lösungswassers zusammen, die durch freiwerdende Eigenwärme der Lösung verdampft werden. Die Verwicklung ergibt sich dadurch, daß die in einer Stufe durch freiwerdende Eigenwärme erzeugte Menge Brüdendampf eine Mehrfachverdampfung in den folgenden Körpern nach sich zieht. Man hat es also mit einer Reihe von annähernd soviel mehrfachen Verdampfungen zu tun, als Stufen in der Verdampfstation vorhanden sind.

Um einen auch nur einigermaßen einfachen Ausdruck für die Größe der inneren Verdampfung zu erhalten, wird es notwendig sein, im folgenden eine ganze Reihe von vereinfachenden Annahmen zu machen.

In den Gleichungen 8) bis 11) des vorigen Abschnittes wurde bereits festgestellt, daß im Körper 2 eine innere Verdampfung stattfindet im Betrage

$$1)\qquad \gamma = \frac{(l_0 - b - s)(q_1 - q_2) + s(w_1 - w_2)}{\lambda_2 - q_2}$$

Setzt man wieder $\lambda_2 - q_2 = r_2$

ferner $q_1 - q_2 = t_1 - t_2 = \Delta t = \text{konstans}$

$$w_1 - w_2 = F \Delta t,$$

worin F ein durch Versuche zu bestimmender Faktor von q sein soll, so lautet Gleichung 1)

$$2)\qquad \gamma = (l_0 + s(F - 1))\frac{\Delta t}{r_2} - b\frac{\Delta t}{r_2}$$

Vor Eintritt in Körper 3 hat die Menge der Lösung dann weiter abgenommen um $c + \gamma$, es tritt außerdem eine γ entsprechende Verdampfung ein. Es wird also im 3. Körper

$$3)\qquad \delta = (l_0 - b - c - \gamma + s(F - 1))\frac{\Delta t}{r_3} + \gamma\frac{r_2}{r_3}$$

oder

$$4)\qquad \delta = \frac{\Delta t}{r_3}(l_0 + s(F - 1)) - b\frac{\Delta t}{r_3} - c\frac{\Delta t}{r_3} - \gamma\frac{\Delta t}{r_3} + \gamma\frac{r_2}{r_3}$$

Setzt man in dieser Gleichung in den Ausdruck $\gamma\frac{r_2}{r_3}$ den aus Gleichung 2) erhaltenen Wert für γ ein, so erhält man

$$5)\qquad \delta = \frac{\Delta t}{r_3}2(l_0 + s(F - 1)) - 2b\frac{\Delta t}{r_3} - c\frac{\Delta t}{r_3} - \gamma\frac{\Delta t}{r_3}$$

Im 4. Körper tritt eine abermalige Verminderung der Lösungsmenge um $d + \delta$ ein, außerdem wird wieder durch das im 3. Körper freiwerdende δ eine Verdampfung im Betrage von $\frac{\delta \cdot r_3}{r_4}$ hervorgerufen.

Man erhält

$$6)\quad \varepsilon = \frac{\Delta t}{r_4}(l_0 + s(F - 1))$$
$$- b\frac{\Delta t}{r_4} - c\frac{\Delta t}{r_4} - d\frac{\Delta t}{r_4} - \gamma\frac{\Delta t}{r_4} - \delta\frac{\Delta t}{r_4} + \delta\frac{r_3}{r_4}$$

Setzt man hier wiederum in gleicher Weise wie bei Gleichung 4) den Wert für δ aus Gleichung 5) ein, so erhält man

$$7)\quad \varepsilon = 3\frac{\Delta t}{r_4}(l_0 + s(F - 1))$$
$$- 3b\frac{\Delta t}{r_4} - 2c\frac{\Delta t}{r_4} - d\frac{\Delta t}{r_4} - 2\gamma\frac{\Delta t}{r_4} - \delta\frac{\Delta t}{r_4}$$

Bei den folgenden Körpern bilden sich die Größenbeträge der inneren Verdampfung in völlig analoger Weise. Man findet schließlich

$$8)\quad \omega = (y - 1)\frac{\Delta t}{r_x}(l_0 + s(F - 1))$$
$$- (y - 1)\, b\frac{\Delta t}{r_x}$$
$$- (y - 2)\, c\frac{\Delta t}{r_x} - (y - 2)\,\gamma\frac{\Delta t}{r_x}$$
$$- (y - 3)\, d\frac{\Delta t}{r_x} - (y - 3)\,\delta\frac{\Delta t}{r_x}$$
$$- (z - 1)\frac{\Delta t}{r_x} - (\omega - 1)\frac{\Delta t}{r_x}$$

Eine Addition der Gleichungen 2), 5), 7) usw. bis 8) ergibt auf der linken Seite die gesuchte Größe

$$B = \gamma + \delta + \varepsilon \ldots\ldots + \omega.$$

Macht man die Vernachlässigung und nimmt an

$$\frac{\Delta t}{r_2} = \frac{\Delta t}{r_3} = \frac{\Delta t}{r_x} = \frac{\Delta t}{r},$$

wobei r die mittlere Größe zwischen r_1 und r_x darstellt, so erhält man rechts eine Anzahl von arithmetischen Reihen.

Es wird

$$\begin{aligned} \text{9)} \quad B = {} & (\text{Reihe } 1 \div y - 1) \frac{\Delta t}{r} (l_0 + s(F - 1)) \\ & - (\text{Reihe } 1 \div y - 1) \frac{\Delta t}{r} b \\ & - (\text{Reihe } 1 \div y - 2) \frac{\Delta t}{r} (c + \gamma) \\ & - (\text{Reihe } 1 \div y - 3) \frac{\Delta t}{r} (d + \delta) \\ & - \ldots\ldots\ldots\ldots \\ & - \quad (1) \quad \frac{\Delta t}{r} ((z - 1) + (\omega - 1)) \end{aligned}$$

Die Summe einer arithmetischen Reihe ist aber

$$S = \tfrac{1}{2}(a + u)\, n,$$

wobei a das Anfangsglied, u das Endglied und n die Anzahl der Glieder bedeutet. Unter Anwendung dieser Formel wird

$$\text{Reihe } 1 \div y - 1 = \frac{y}{2}(y - 1)$$

$$\text{Reihe } 1 \div y - 2 = \frac{y - 1}{2}(y - 2)$$

$$\text{Reihe } 1 \div y - 3 = \frac{y - 2}{2}(y - 3)$$

$$\text{Reihe } 1 \div y - 4 = \frac{y - 3}{2}(y - 4)$$

usw.

In praktischen Verhältnissen wird ferner die vereinfachende Annahme zulässig sein, daß

$$(c + \gamma) \frac{\Delta t}{r} = (d + \delta) \frac{\Delta t}{r} = ((z - 1) + (\omega - 1)) \frac{\Delta t}{r}$$

ist.

Es ergibt sich dann aus Gleichung 9) die Gleichung

$$10)\ B = y \frac{(y-1)\,\Delta t}{2\,r} (l_0 + s\,(F - 1) - b)$$

$$- (c + \gamma) \frac{\Delta t}{r} \left[\begin{array}{l} \frac{y-1}{2}(y-2) \\ + \frac{y-2}{2}(y-3) \\ + \frac{y-3}{2}(y-4) \\ + \ldots\ldots \\ + \quad 1 \end{array} \right]$$

Der Ausdruck in der eckigen Klammer läßt sich nun noch bedeutend vereinfachen. Sondert man nämlich aus je zwei einander folgenden Gliedern den gemeinsamen Faktor aus, so erhält man

$$\left[\begin{array}{l} \frac{y-2}{2}(y-1+y-3) \\ + \frac{y-4}{2}(y-3+y-5) \\ + \frac{y-6}{2}(y-5+y-7) \\ + \ldots\ldots\ldots \\ + \quad 1 \text{ oder } 2 \cdot 2 \end{array} \right] \text{ oder } \left[\begin{array}{l} (y-2)^2 \\ + (y-4)^2 \\ + (y-6)^2 \\ + \ldots \\ + \ 1 \text{ oder } 4 \end{array} \right]$$

Bei weiterer Behandlung ist zu unterscheiden, ob y eine gerade oder eine ungerade Zahl ist.

Ist y eine gerade Zahl, so stellt der Klammerausdruck die Summe der Quadrate aller geraden Zahlen von 2 bis $y - 2$ dar, ist y dagegen eine ungerade Zahl, so ist der Klammerausdruck die Summe der Quadrate aller ungeraden Zahlen von 1 bis $y - 2$. Im ersten Falle schreibt sich also der Klammerausdruck

$$2^2 + 4^2 + 6^2 + 8^2 + \ldots (y - 2)^2.$$

Diese Reihe besitzt $\left(\frac{y-2}{2}\right)$ Glieder.

Im zweiten Falle lautet die Reihe

$$1^2 + 3^2 + 5^2 + 7^2 + \ldots (y - 2)^2$$

und besitzt $\frac{(y - 2 + 1)}{2} = \frac{y - 1}{2}$ Glieder. Bezeichnet man mit n die Anzahl der Glieder, so ist die Summe der ersten Reihe

$$11) \qquad S_1 = \frac{2}{3} n (n + 1)(2n + 1)$$

und die der zweiten Reihe

$$12) \qquad S_2 = n + \frac{4n(n^2 - 1)}{3}$$

Wendet man die beiden Formeln 11) u. 12) auf den vorliegenden Fall an, so erhält man für die Klammergröße bei einer ungeraden Zahl von Verdampfungsstufen den Ausdruck

$$13) \qquad \frac{y - 1}{2} + 4 \frac{(y - 1)}{2} \frac{\left(\frac{(y - 1)^2}{4} - 1\right)}{3}$$

oder

$$\frac{(y - 1)}{2}\left(1 + \frac{4}{3}\left(\frac{(y - 1)^2}{4} - 1\right)\right) = \frac{y - 1}{6}(y^2 - 2y),$$

bei einer geraden Zahl von Verdampfungsstufen dagegen

$$14) \qquad \frac{2}{3}\left(\frac{y - 2}{2}\right)\left(\frac{y - 2}{2} + 1\right)\left(\frac{2(y - 2)}{2} + 1\right)$$

$$= \left(\frac{y - 2}{3}\right)\frac{y}{2}(y - 1) = \frac{y - 1}{6}(y - 2)y = \frac{y - 1}{6}(y^2 - 2y).$$

Setzt man diese Größen in die Gleichung 10) ein und außerdem noch für γ den Wert aus Gleichung 2), so wird, einerlei ob y ungerade oder y gerade ist,

$$15)\quad B = y\,(y - 1)\,\frac{\Delta t}{2\,r}\,(l_0 + s\,(F - 1) - b)$$

$$- c\,\frac{\Delta t}{r}\,(y^2 - 2\,y)\left(\frac{y - 1}{6}\right) - (l_0 + s\,(F - 1) - b)$$

$$\frac{\Delta t^2}{r_2}\left(\frac{y - 1}{6}\right)(y^2 - 2\,y)$$

oder unter Einsetzen von $b = c = a$ und gleichzeitigem Zusammenziehen

$$16)\quad B = \frac{(y - 1)\,\Delta t^2}{6\,r^2}\,(l_0 + s\,(F - 1) - a)\left(\frac{3\,y\,r}{\Delta t} - y^2 + 2\,y\right)$$

$$- a\,\frac{(y - 1)}{6\,r}\,\Delta t\,(y^2 - 2\,y)$$

oder

$$17)\quad B = \frac{(y - 1)\,\Delta t^2}{6\,r^2}\,(l_0 + s\,(F - 1) - a)\,y\left(\frac{3\,r}{\Delta t} + 2 - y\right)$$

$$- a\,\frac{(y - 1)\,\Delta t}{6\,r}\,(y^2 - 2\,y)$$

und

$$18)\quad B = \frac{(y - 1)\,\Delta t^2}{6\,r^2}\left[(l_0 + s\,(F - 1))\,y\left(\frac{3\,r}{\Delta t} + 2 - y\right)\right]$$

$$- a\,\frac{(y - 1)\,\Delta t}{6\,r}\left(y\,\frac{\Delta t}{r}\left(\frac{3\,r}{\Delta t} + 2 - y\right) + y^2 - 2\,y\right)$$

sowie

$$19)\quad B = \frac{(y - 1)\,\Delta t^2}{6r^2}\left[(l_0 + s\,(F - 1))\,y\left(\frac{3\,r}{\Delta t} + 2 - y\right)\right]$$

$$- a\,\frac{(y - 1)\,\Delta t}{6\,r}\left[y\left(1 + 2\,\frac{\Delta t}{r}\right) + y^2\left(1 - \frac{\Delta t}{r}\right)\right].$$

Durch Einsetzen der Beziehung $(y - 1)\,\Delta\,t = t_1 - t_x$ erhält die Gleichung 19) noch die Form

$$20)\quad B = \Delta t\left(\frac{t_1 - t_x}{6\,r^2}\right)\left[(l_0 + s\,(F - 1))\,y\left(\frac{3\,r}{\Delta t} + 2 - y\right)\right]$$

$$- \frac{a}{6\,r}\,(t_1 - t_x\left[y\left(1 + 2\,\frac{\Delta t}{r}\right) + y^2\left(1 - \frac{\Delta t}{r}\right)\right].$$

Gleichung 20) bestätigt, was man auch schon auf Grund einer nicht rechnerischen Überlegung sich sagen konnte, daß die innere Verdampfung wächst

mit der Größe der Differenz $t_1 - t_x$, und damit auch

mit der Größe des Temperatursprungs Δt

mit der Anzahl der Stufen,

mit der Menge der einzudampfenden Anfangslösung

daß sie dagegen abnimmt

mit wachsender äußerer Verdampfung in den einzelnen Stufen und mit wachsendem Trockensubstanzgehalt der Lösung, vorausgesetzt daß der spezifische Wärmegehalt dieser Trockensubstanz geringer ist als der des Wassers.

Im übrigen ist sie umso kleiner, je größer r ist, d. h. in je niedrigerer Temperaturlage die Verdampfung sich abspielt. Schließlich lautet Gleichung 20) bei $y = 1$, also einstufiger Verdampfung, $B = 0$, wie dies ja auch aus dem Gange der Ableitung zu entnehmen ist, und erhält bei $y = 2$ den Wert $B = \gamma$.

Mit Gleichung 20) allein läßt sich eine Verdampfungsberechnung aber noch nicht durchführen, da in ihr noch zwei Unbekannte, B und a, enthalten sind.

Bei einer Verdampfungsberechnung ist gewöhnlich $A + B$ aus der rein substantiellen Gleichung $A + B = l_0 - l_x$ gegeben und a gesucht. Es wird sich also empfehlen, einen Ausdruck für $A + B$ zu suchen, der durch a bestimmt ist.

Gleichung 23) des vorigen Abschnitts lautete

$$A = a\, r_0 \sum_{y=1}^{y=x} \frac{1}{r_0 + y}\, E.$$

Für die Summe werde der Ausdruck K gesetzt, dann ist

$$21) \qquad A = a \cdot r_0 \cdot K.$$

Durch Addition der beiden Gleichungen 20) und 21) erhält man dann

$$22) \; A + B = \Delta t \frac{(t_1 - t_x)}{6\, r^2}\left[(l_0 + s\,(F - 1))\, y\left(\frac{3\, r}{\Delta t} + 2 - y\right)\right]$$

$$- \frac{a}{6\, r}(t_1 - t_x)\left[y\left(1 + \frac{2\,\Delta t}{r}\right) + y^2\left(1 - \frac{\Delta t}{r}\right)\right] + a\, r_0\, K\,.$$

Hieraus läßt sich berechnen

$$23)\quad a = \frac{A + B - \Delta t \frac{(t_1 - t_x)}{6\,r^2}\left[(l_0 + s\,(F - 1))\,y\left(\frac{3\,r}{\Delta t} + 2 - y\right)\right]}{r_0\,K - \frac{(t_1 - t_x)}{6\,r}\left[y\left(1 + \frac{2\,\Delta t}{r}\right) + y^2\left(1 - \frac{\Delta t}{r}\right)\right]}.$$

Ist aus Gleichung 23) a berechnet, so folgt rasch A aus

$$21)\quad A = a\,r_0\,K$$

und B aus

$$24)\quad B = l_0 - l_x - A.$$

Aus Gleichung 23) läßt sich noch die Bedingung ableiten, unter der $a = 0$ wird oder mit andern Worten die innere Verdampfung allein genügt, die nötige Eindickung des Saftes zu besorgen. a wird nämlich dann $= 0$, wenn der Zähler der Gleichung 23) gleich Null wird. Das ist der Fall, wenn

$$25)\quad A + B = \Delta_t \frac{(t_1 - t_x)}{6\,r^2}\left[(l_0 + s\,(F - 1))\,y\left(\frac{3\,r}{\Delta_t} + 2 - y\right)\right]$$

ist.

Auf der rechten Seite der Gleichung lassen sich nun für bestimmte Beispiele eine Anzahl von Konstanten absondern. Setzt man nämlich

$$y \cdot \Delta_t = t_0 - t_x$$

und

$$\frac{(t_0 - t_x)\,(t_1 - t_x)}{6\,r^2}\,(l_0 + s\,(F - 1)) = C_1,$$

so lautet die Gleichung

$$26)\quad A + B = C_1\left(\frac{3_r}{\Delta_t} + 2 - y\right).$$

Dieser Ausdruck läßt sich umformen in

$$27)\quad A + B = \frac{C_1}{\Delta_t}\,(3_r + 2\,\Delta_t - y\,\Delta_t)$$

oder, wenn wiederum $y \cdot \Delta_t = t_o - t_x$ und $3\,r - (t_o - t_x) = C_2$ gesetzt wird, in

$$28)\quad A + B = \frac{C_1}{\Delta_t}\,(C_2 + 2\,\Delta_t).$$

Hieraus folgt dann noch

$$29)\qquad A + B = \frac{C_1 C_2}{\Delta_t} + 2\,C_1$$

und schließlich

$$30)\qquad \Delta_t = \frac{C_1 \cdot C_2}{A + B - 2\,C_1}$$

Da hieraus Δ_t allemal einen endlichen Wert ergeben muß, so folgt, daß die Verdampfung durch innere Verdampfung, also die Selbstverdampfung, schon bei einer begrenzten Anzahl von Stufen erfolgen muß. Die Verdampfung braucht also in diesem Falle ebenfalls keine äußere Wärmezufuhr mehr. Es genügt der Wärmegehalt des Saftes selbst. Es ist also auch hier der Beweis erbracht, daß die Verdampfung theoretisch wärmebedarflos ist.

Auf das im folgenden gegebene praktische Beispiel berechnet, ergibt sich z. B. ein Δ_t von $3{,}6219^0$ und mithin eine Stufenzahl von 18 Stufen. In Wirklichkeit dürfte die Stufenzahl wegen der bekannten Ungenauigkeit der Gleichung noch höher liegen.

c) Praktisches Beispiel einer Berechnung von a aus A + B.

Um den Genauigkeitsgrad der Gleichung 23) festzustellen, soll im folgenden eine Berechnung von a in einem praktischen Beispiel durchgeführt und nachgeprüft werden.

Beispiel 1. 12 500 kg Dünnsaft von 13% Trockensubstanzgehalt sollen auf 2500 kg Dicksaft von 65 % Trockensubstanzgehalt eingedampft werden. $A + B = l_0 - l_x = 12\,500 - 2500 = 10\,000$ kg. Trockensubstanz $s = 1625$. Anzahl der Stufen $y = 6$. $t_0 = 130^0$, $\Delta t = 10^0$, mithin $t_1 = 120^0$, $t_2 = 110^0$, $t_3 = 100^0$, $t_4 = 90^0$, $t_5 = 80^0$, $t_6 = 70^0$, $r_0 = 515{,}15$, $r_1 = 522{,}29$, $r_2 = 529{,}41$, $r_3 = 536{,}50$, $r_4 = 543{,}57$, $r_5 = 550{,}62$, $r_6 = 557{,}65$.

$\frac{1}{r_1} = 0{,}001\,914\,7$ r im Mittel $= 540$

$\frac{1}{r_2} = 0{,}001\,888\,9$ $t_1 - t_x = 50^0$

$\frac{1}{r_3} = 0{,}001\,863\,9$ F nach Kopp $= 0{,}3$

$$\frac{1}{r_4} = 0{,}001\,839\,7$$

$$\frac{1}{r_5} = 0{,}001\,816\,1$$

$$\frac{1}{r_6} = 0{,}001\,793\,3$$

$$K = 0{,}011\,116\,6$$

Unter Einsetzen dieser Größen in Gleichung 23) ergibt sich

$$a = \frac{10\,000 - \dfrac{50 \cdot 10}{6 \cdot 540 \cdot 540}\left[(12\,500 + 1625\,(0{,}3 - 1))\,6\left(\dfrac{3 \cdot 540}{10} + 2 - 6\right)\right]}{515{,}15 \cdot 0{,}011\,116\,6 - \dfrac{50}{6 \cdot 540}\left[6\left(1 + \dfrac{30}{540}\right) + 36\left(1 - \dfrac{10}{540}\right)\right]}$$

und

$$a = \frac{10\,000 - 0{,}270\,91(12\,500 - 1137{,}5)}{5{,}7267 - 0{,}6412} = \frac{10\,000 - 3078{,}\dot{2}}{5{,}0855}$$

$$= \frac{6922{,}8}{5{,}0855} = 1361 \text{ kg}.$$

Aus der Beziehung $A = a \cdot r_0 K$ folgt dann

$$A = 1361 \cdot 5{,}7267 = 7794 \text{ kg}$$

und $$B = 2206 \text{ kg}.$$

Zur Kontrolle soll jetzt der Verdampfungsvorgang in den einzelnen Stufen durchgerechnet werden.

Stufe I. 12 500 kg Lösung treten ein.

1 361 kg Heizdampf verdampfen

$$\frac{1361 \cdot 515{,}15}{522{,}29} = \mathbf{1342{,}3 \text{ kg.}}$$

Stufe II. 1342,3 kg Heizdampf verdampfen

$$\frac{1342{,}3 \cdot 522{,}29}{529{,}41} = \mathbf{1324{,}2} \text{ kg.}$$

12 500 kg Lösung ist vermindert um 1342,3 kg

und enthält jetzt 9532,7 kg Lösungswasser und 1625 kg Trockensubstanz. Bei einer Abkühlung um 10^0 werden hieraus frei

$$\begin{aligned} 9532{,}7 \cdot 10 + 1625 \cdot 3 = {} & 95\,327 \\ & + \;\; 4\,875 \\ \hline & 100\,202 \text{ cal.} \end{aligned}$$

Diese reichen aus zur Verdampfung von

$$100\,202 : 529{,}41 = \mathbf{189{,}27 \text{ kg.}}$$

Es entstehen also in Stufe II $1324{,}2 + 189{,}27 = \mathbf{1513{,}47}$ kg Brüden.

Stufe III. 1513,47 Heizdampf verdampfen

$$\frac{1513{,}47 \cdot 529{,}41}{536{,}50} = \mathbf{1493{,}4 \text{ kg.}}$$

Infolge Verdampfung der vorigen Stnfe treten nur noch ein 8019,23 kg Lösungswasser und 1625 kg Trockensubstanz.

Es werden frei

$$\begin{aligned} & 80\,192{,}3 \\ + \; & \;\;4\,875{,}0 \\ \hline & 85\,067{,}3 \text{ cal.} \end{aligned}$$

Diese reichen aus zur Verdampfung von

$$85\,067{,}3 : 536{,}5 = \mathbf{158{,}55 \text{ kg.}}$$

So entstehen in Stufe III

$$1493{,}4 + 158{,}55 = \mathbf{1651{,}95 \text{ kg}} \text{ Brüden.}$$

Stufe IV. 1651, 95 Heizdampf verdampfen

$$\frac{1651{,}95 \cdot 536{,}50}{543{,}57} = \mathbf{1630{,}4 \text{ kg.}}$$

Infolge Verdampfung der vorigen Stufe treten nur noch ein 6367,28 kg Lösungswasser und 1625 kg Trockensubstanz. Es werden frei

$$\begin{aligned} & 63\,672{,}8 \\ + \; & \;\;4\,875{,}0 \\ \hline & 68\,547{,}8 \text{ cal.} \end{aligned}$$

Diese reichen aus zur Verdampfung von

$$68547{,}8 : 543{,}57 = \mathbf{126{,}17\ kg.}$$

Es entstehen in Stufe IV

$$1630{,}4 + 126{,}17 = \mathbf{1756{,}57\ kg}\ \text{Brüden.}$$

Stufe V. 1756,57 kg Heizdampf verdampfen

$$\frac{1756{,}57 \cdot 543{,}57}{550{,}62} = \mathbf{1734{,}7\ kg.}$$

Infolge Verdampfung der vorigen Stufe treten nur noch ein 4610,71 kg Lösungswasser und 1625 kg Trockensubstanz. Es werden frei

$$\begin{array}{r} 46\,107{,}1 \\ +\ \ 4\,875{,}0 \\ \hline 50\,982{,}1\ \text{cal.} \end{array}$$

Diese reichen aus zur Verdampfung von

$$50\,982{,}1 : 550{,}62 = \mathbf{92{,}5\ kg.}$$

Es entstehen in Stufe V

$$1734{,}7 + 92{,}5 = \mathbf{1827{,}2\ kg}\ \text{Brüden.}$$

Stufe VI. 1827,2 kg Heizdampf verdampfen

$$\frac{1827{,}2 \cdot 550{,}62}{557{,}65} = \mathbf{1804{,}2\ kg.}$$

Infolge Verdampfung der vorigen Stufe treten nur noch ein 2783,51 kg Lösungswasser und 1625 kg Trockensubstanz. Es werden frei

$$\begin{array}{r} 27\,835{,}1 \\ +\ \ 4\,875{,}0 \\ \hline 32\,710{,}1\ \text{cal.} \end{array}$$

Diese reichen aus zur Verdampfung von

$$32\,710{,}1 : 557{,}65 = \mathbf{58{,}65\ kg.}$$

In der VI. und letzten Stufe verdampfen also noch

$$1804{,}2 + 58{,}65 = \mathbf{1862{,}85\ kg,}$$

sodaß das Lösungswasser abnimmt bis 920,66 kg und die Gesamtlösung bis $\sim$ 2546 kg, statt bis auf 2500 kg, wie gefordert.

Die Gleichung 23) des vorigen Abschnittes ergibt also im vorliegenden Beispiel auf 10 000 kg zu verdampfendes Lösungswasser einen Fehler von 46 kg oder von 0,46%, und zwar sind die Werte um 0,46% zu klein. Die Gleichung läßt sich also im praktischen Gebiete mit genügender Sicherheit verwenden.

Ein zweites Beispiel mit veränderten Bedingungen möge dies noch bestätigen.

Beispiel 2. Die Zahlen von Beispiel 1 bleiben bestehen bis auf folgende Abänderungen

$$y \text{ wird } 3 \quad t_0 = 130^0 \quad \Delta t = 20^0 \text{ mithin}$$

$$t_1 = 110^0 \quad t_2 = 90^0 \quad t_3 = 70^0$$

$$r_0 = 515{,}15 \quad r_1 = 529{,}41 \quad r_2 = 543{,}57 \quad r_3 = 557{,}65$$

$$r \text{ im Mittel} = 543{,}57$$

$$\frac{1}{r_1} = 0{,}001\,888\,9$$

$$\frac{1}{r_2} = 0{,}001\,839\,7 \qquad t_1 - t_x = 40^0, \quad F \text{ nach Kopp} = 0{,}3$$

$$\frac{1}{r_3} = 0{,}001\,793\,3$$

$$K = 0{,}005\,521\,9$$

Es ergibt sich dann

$$a = \frac{10\,000 - \dfrac{40 \cdot 20}{6 \cdot 543{,}57 \cdot 543{,}57}\left[(12\,500 - 1137{,}5)\,3 \cdot \left(\dfrac{3 \cdot 543{,}57}{20} + 2 - 3\right)\right]}{515 \cdot 15 \cdot 0{,}005\,521\,9 - \dfrac{40}{6 \cdot 543{,}57}\left[3\left(1 + \dfrac{40}{543{,}57}\right) + 9\left(1 - \dfrac{20}{543{,}57}\right)\right]}$$

und

$$a = \frac{10\,000 - 0{,}109\,04\,(12\,500 - 1137{,}5)}{2{,}8446 - 0{,}1458} = \frac{10\,000 - 1239}{2{,}699}$$

$$= \frac{8761}{2{,}699} = \mathbf{3246{,}0\ kg}$$

$$A = 9233{,}6 \text{ kg und } B = 766{,}4 \text{ kg.}$$

Die ebenso wie bei Beispiel 1) durchgeführte Kontrolle ergibt einen Fehler der Gleichung von ~0,00%, auf A + B, und ~0,00 %, auf a bezogen. Also auch hier ist die Gleichung mit genügender Genauigkeit verwendbar. Auch ist aus den beiden Beispielen zu entnehmen, daß die Genauigkeit der Gleichung mit wachsender Stufenzahl abnimmt, da bei größerer Stufenzahl der Einfluß des nur annähernd zu berechnenden B wächst.

d) Beziehung zwischen der Größe $z + \omega$ und a.

Für das Folgende wird es interessieren zu wissen, wie die Menge des Brüdens der letzten Stufe von der Menge des in die erste Stufe eingeleiteten Heizdampfes abhängt.

Über die Größe ω sagt Gleichung 8) des Abschnitts b dieses Kapitels

$$1)\quad \omega = (y-1)\frac{\Delta t}{r_x}(l_0 - b + s(F-1)) - (y-2)\frac{\Delta t}{r_x}(c+\gamma)$$
$$-(y-3)\frac{\Delta t}{r_x}(d+\delta)$$
$$\cdots\cdots\cdots$$
$$-1\,\frac{\Delta t}{r_x}((z-1)+(\omega-1))$$

Macht man auch hier wieder die vereinfachende Annahme, daß

$$(c+\gamma)\frac{\Delta t}{r_x} = (d+\delta)\frac{\Delta t}{r_x} = ((z-1)+(\omega-1))\frac{\Delta t}{r_x}$$

ist, so ergibt sich

$$2)\quad \omega = (y-1)\frac{\Delta t}{r_x}(l_0 - b + s(F-1))$$
$$-(\text{Reihe } 1 \div y-2)\frac{\Delta t}{r_x}(c+\gamma)$$

und da die Reihe $1 \div y - 2 = \left(\frac{y-2}{2}\right)(y-1)$ ist, ferner $c = b = a$, so erhält man

$$3)\quad \omega = (y-1)\frac{\Delta t}{r_x}\Big[l_0 - a + s(F-1)$$
$$-\left(\frac{y-2}{2}\right)a - \left(\frac{y-2}{2}\right)\gamma\Big].$$

Nach Gleichung 2) desselben Abschnitts b ist weiter

$$\gamma = \frac{\Delta t}{r_2}(l_0 - b + s(F-1)) = \frac{\Delta t}{r_2}(l_0 - a + s(F-1))$$

demnach

$$4)\quad \omega = (y-1)\frac{\Delta t}{r_x}\left[(l_0 - a + s(F-1))\left(1 - \frac{\Delta t}{2\,r_2}(y-2)\right) - \left(\frac{y-2}{2}\right)a\right]$$

oder

$$5)\quad \omega = (y-1)\frac{\Delta t}{r_x}\left[(l_0 + s(F-1))\left(1 - \frac{\Delta t}{2\,r_2}(y-2)\right) - a\left(\frac{y-2}{2} + 1 - \frac{\Delta t}{2\,r_2}(y-2)\right)\right]$$

und weiter

$$6)\quad \omega = (y-1)\frac{\Delta t}{r_x}\left[(l_0 + s(F-1))\left(1 - \frac{\Delta t}{2\,r_2}(y-2)\right)\right] - a\,(y-1)\frac{\Delta t}{r_x}\left(\frac{y}{2} - \frac{\Delta t}{2\,r_2}(y-2)\right).$$

Dieser Ausdruck wird für $y = 1$ zu 0, und für $y = 2$ zu γ.

Nach Gleichung 21) Abschnitt a dieses Kapitels ist weiter

$$7)\quad z = \frac{a(\lambda_0 - q_0)}{(\lambda_x - q_x)} = \frac{a\,r_0}{r_x}.$$

Durch Addition der Gleichungen 6) und 7) erhält man den gesuchten Ausdruck für $z + \omega$, nämlich

$$8)\quad z + \omega = (y-1)\frac{\Delta t}{r_x}\left[(l_0 + s(F-1))\left(1 - \frac{\Delta t}{2\,r_2}(y-2)\right)\right] - a\,(y-1)\frac{\Delta t}{r_x}\left(\frac{y}{2} - \frac{\Delta t}{2\,r_2}(y-2)\right) + a\,\frac{r_0}{r_x}.$$

In gewissen Fällen wird $z + \omega$ bekannt sein und a gesucht. Um a zu bestimmen, sondert man a aus Gleichung 8) aus und erhält

$$9)\quad a = \frac{z + \omega - (y-1)\frac{\Delta t}{r_x}\left[(l_0 + s(F-1))\left(1 - \frac{\Delta t}{2\,r_2}(y-2)\right)\right]}{\frac{r_0}{r_x} - (y-1)\frac{\Delta t}{r_x}\left(\frac{y}{2} - \frac{\Delta t}{2\,r_2}(y-2)\right)}.$$

Für $z + \omega$ führt man zweckmäßig noch eine andere Bezeichnung e = Endbrüden ein. Dann ist

$$10)\quad a = \frac{e - (y-1)\frac{\Delta t}{r_x}\left[(l_0 + s(F-1))\left(1 - \frac{\Delta t}{2 r_2}(y-2)\right)\right]}{\frac{r_0}{r_x} - (y-1)\frac{\Delta t}{r_x}\left(\frac{y}{2} - \frac{\Delta t}{2 r_2}(y-2)\right)}.$$

Für konstantes a erhält in dieser Gleichung für $y = 1$ e den Wert b und für $y = 2$ e den Wert $c + \gamma$.

Für das unter c) gegebene praktische Beispiel 1 wird

$$e = 1860{,}75 \quad y = 6 \quad r_0 = 515{,}15 \quad r_2 = 529{,}41 \quad r_x = 557{,}65$$
$$\Delta t = 10^0$$

und

$$a = \frac{1860{,}75 - \frac{5 \cdot 10}{557{,}65}\left[(12\,500 - 1137{,}5)\left(1 - \frac{10 \cdot 4}{2 \cdot 529{,}41}\right)\right]}{\frac{515{,}15}{557{,}67} - \frac{5 \cdot 10}{557{,}65}\left(3 - \frac{10 \cdot 4}{2 \cdot 529{,}41}\right)}$$

$$a = \frac{1860{,}75 - 980{,}30}{0{,}9238 - 0{,}2656} = \frac{880{,}45}{0{,}6582} = 1337{,}6 \text{ kg}.$$

Das Resultat stimmt auf $\sim 2\%$ mit dem in Abschnitt c) zugrunde gelegten a überein.

e) Verdampfung mit Kondensatabdunstung.

Das höchste Maß der inneren Verdampfung kann nicht auf dem bisher beschriebenen Wege erreicht werden, es ist vielmehr nötig, das zwischen Anfangs- und Endtemperatur der Verdampfung verfügbare Gefälle auch für die entfallenden Kondensate auszunutzen, also die gesamte Lösungsmenge von der Anfangstemperatur auf die Endtemperatur innerhalb der Verdampfung durch Brüdenentwicklung abzukühlen. Das geschieht dadurch, daß auch die Kondensate von einer Stufe zur andern übergeführt werden, so daß sie infolge der durch Druckentlastung freiwerdenden Wärme Brüden entwickeln, der zur Verdampfung beiträgt. Dieser Vorgang soll mit Kondensatabdunstung bezeichnet werden.

Der Übergang des Kondensats von einer Stufe zur andern erfolgt ähnlich wie der des Saftes, nur daß dieser von Saftraum zu Saftraum wandert, das Kondensat dagegen von Heizraum zu Heizraum.

Die Größe der durch Kondensatabdunstung erreichten inneren Verdampfung soll im folgenden in Anlehnung an Abschnitt b dieses Kapitels berechnet werden. Da eine Kondensatüberführung unter den im Anfang dieses Kapitels angenommenen Verhältnissen erst vom zweiten zum dritten Körper zum ersten Male erfolgt, so behält die innere Verdampfung im zweiten Körper die in Gleichung 2 Abschnitt b errechnete Größe.

Es ist

$$1)\qquad \gamma = [l_0 + s\,(F - 1)]\,\frac{\Delta_t}{r_2} - b \cdot \frac{\Delta_t}{r_2}$$

Für den dritten Körper gilt zunächst wieder

$$2)\ \delta = [l_0 + s\,(F - 1)]\frac{\Delta t}{r_3} - b \cdot \frac{\Delta t}{r_3} - c \cdot \frac{\Delta t}{r_3} - \gamma \cdot \frac{\Delta t}{r_3} + \gamma \cdot \frac{r_2}{r_3}.$$

Es tritt aber hier noch die Verdampfung durch Kondensatabdunstung hinzu. Da b kg Kondensat überführt werden, so werden $b \cdot \Delta_t$ cal frei. Diese entwickeln im Heizraum des dritten Körpers $b \cdot \frac{\Delta_t}{r_2}$ kg Brüden, der wiederum im Saftraum

$$3)\qquad b \cdot \frac{\Delta_t}{r_2} \cdot \frac{r_2}{r_3} = b \cdot \frac{\Delta_t}{r_3}\ \text{kg}$$

Lösungswasser in Dampf verwandelt.

Dieser Betrag ist dem bisher ermittelten δ hinzuzurechnen. Man erhält daher

$$4)\ \delta = [l_0 + s\,(F - 1)]\frac{\Delta t}{r_3} - b \cdot \frac{\Delta t}{r_3} + b \cdot \frac{\Delta t}{r_3} - c \cdot \frac{\Delta t}{r_3} - \gamma \cdot \frac{\Delta t}{r_3} + \gamma \cdot \frac{r_2}{r_3}$$

oder

$$5)\ \delta = [l_0 + s\,(F - 1)]\frac{\Delta t}{r_3} - c \cdot \frac{\Delta t}{r_3} - \gamma \cdot \frac{\Delta t}{r_3} + \gamma \cdot \frac{r_2}{r_3}.$$

Setzt man in dieser Gleichung in den Ausdruck $\gamma \frac{r_2}{r_3}$ den aus Gleichung 1) erhaltenen Wert für γ ein, so erhält man

$$6)\ \delta = 2\,[l_0 + s\,(F - 1)]\frac{\Delta t}{r_3} - b \cdot \frac{\Delta t}{r_3} - c \cdot \frac{\Delta t}{r_3} - \gamma \cdot \frac{\Delta t}{r_3}.$$

Für den 4. Körper ergibt sich zunächst wieder

$$7)\qquad \varepsilon = [l_0 + s(F-1)]\frac{\Delta t}{r_4} - b\cdot\frac{\Delta t}{r_4}$$
$$-c\cdot\frac{\Delta t}{r_4} - d\cdot\frac{\Delta t}{r_4} - \gamma\cdot\frac{\Delta t}{r_4} - \delta\cdot\frac{\Delta t}{r_4} + \delta\cdot\frac{r_3}{r_4}.$$

Da aber nun schon aus der Heizkammer des dritten Körpers in die des vierten Körpers $b + c + \gamma$ Kondensat übergeführt werden, so entsteht außerdem an Brüden

$$b\cdot\frac{\Delta t}{r_4} + c\cdot\frac{\Delta t}{r_4} + \gamma\cdot\frac{\Delta t}{r_4}.$$

ε erhält daher den Ausdruck

$$8)\quad \varepsilon = [l_0 + s(F-1)]\frac{\Delta t}{r_4} - d\cdot\frac{\Delta t}{r_4} - \delta\cdot\frac{\Delta t}{r_4} + \delta\cdot\frac{r_3}{r_4}.$$

Setzt man auch hier wieder in den Ausdruck $\delta\frac{r_3}{r_4}$ den in Gleichung 6) für δ gefundenen Wert ein, so wird

$$9)\qquad \varepsilon = 3[l_0 + s(F-1)]\frac{\Delta t}{r_4} - b\cdot\frac{\Delta t}{r_4}$$
$$-c\cdot\frac{\Delta t}{r_4} - d\cdot\frac{\Delta t}{r_4} - \gamma\cdot\frac{\Delta t}{r_4} - \delta\cdot\frac{\Delta t}{r_4}.$$

In analoger Ableitung findet man schließlich

$$10)\quad \omega = (y-1)[l_0 + s(F-1)]\frac{\Delta t}{r_x} - b\cdot\frac{\Delta t}{r_x} - c\cdot\frac{\Delta t}{r_x}$$
$$-d\cdot\frac{\Delta t}{r_x} - \ldots(z-1)\frac{\Delta t}{r_x} - \gamma\cdot\frac{\Delta t}{r_x} - \delta\cdot\frac{\Delta t}{r_x} - \ldots(\omega-1)\frac{\Delta t}{r_x}.$$

Eine Addition der Gleichungen 1), 6), 9) usw bis 10) ergibt auf der linken Seite die gesuchte Größe

$$B = \gamma + \delta + \varepsilon + \ldots. + \omega.$$

Gestattet man unter Vernachlässigung geringfügiger Abweichungen die Annahme, daß $\frac{\Delta t}{r_2} = \frac{\Delta t}{r_3} = \frac{\Delta t}{r_x} = \frac{\Delta t}{r}$ ist, wobei r das Mittel zwischen r_1 und r_x darstellt, so erhält man auf der rechten Seite der Gleichung eine Anzahl von Summen folgenden Ausdrucks.

Es wird:

$$11)\quad B = (\text{Reihe } 1 \div y - 1)\frac{\Delta t}{r}[l_0 + s(F-1)]$$
$$- (y-1)\, b \cdot \frac{\Delta t}{r}$$
$$- (y-2)(c+\gamma)\frac{\Delta t}{r}$$
$$- (y-3)(d+\delta)\frac{\Delta t}{r}$$
$$\cdots\cdots\cdots$$
$$- (1)\,((z-1)+(\omega-1))\frac{\Delta t}{r}.$$

Die Summe der Reihe $1 \div y - 1$ ist nun $\frac{y}{2}(y-1)$, es ist ferner die vereinfachende Annahme zulässig, daß

$$(c+\gamma)\frac{\Delta t}{r} = (d+\delta)\frac{\Delta t}{r} = ((z-1)+(\omega-1))\frac{\Delta t}{r}$$

ist. Dann lautet Gleichung 11) unter Einsetzung der neuen Bezeichnungen

$$12)\quad B = \frac{y}{2}(y-1)\frac{\Delta t}{r}\left[l_0 + s(F-1) - \frac{2b}{y}\right]$$
$$- (\text{Reihe } 1 \div y - 2)(c+\gamma)\frac{\Delta t}{r}.$$

Die Summe der Reihe $(1 \div y - 2)$ ist ferner $\frac{y-1}{2}(y-2)$, mithin erhält man

$$13)\quad B = \frac{y-1}{2}\cdot\frac{\Delta t}{r}[y(l_0 + s(F-1)) - 2b - (y-2)(c+\gamma)].$$

Setzt man ferner noch $b = c = a$ und $(y-1)\,\Delta_t = (t_1 - t_x)$ und ferner für γ den Wert aus Gleichung 1), so ergibt sich:

$$14)\quad B = \frac{t_1 - t_x}{2r}[l_0 + s(F-1)]\left(y - y\frac{\Delta t}{r} + \frac{2\Delta t}{r}\right)$$
$$- \frac{a}{2r}\cdot(t_1 - t_x)\left[y - y\frac{\Delta t}{r} + 2\frac{\Delta t}{r}\right]$$

und vereinfacht

$$15)\ B = \frac{t_1 - t_x}{2\,r}\left(y + \frac{\Delta t}{r}(2-y)\right)[l_0 + s\,(F-1) - a]\,.$$

Gleichung 14) ist in ihrer Struktur der Gleichung 20) für B in Abschnitt b dieses Kapitels völlig ähnlich. Das dort über diese Gleichung Gesagte, läßt sich unverändert auf die neue Gleichung übertragen. Im übrigen läßt sich aus den Bestandteilen der Gleichung ersehen, daß das neue B größer sein muß als das alte, was mit dem zu Anfang dieses Abschnittes Gesagten übereinstimmt.

Zur Berechnung von a aus A + B muß auch hier wieder die Gleichung 16) $A = a \cdot r_0 K$ herangezogen werden. Durch die Addition der beiden Gleichungen 15) und 16) ergibt sich dann

$$17)\ A + B = \frac{t_1 - t_x}{2\,r}[l_0 + s\,(F-1)]\left(y + \frac{\Delta t}{r}(2-y)\right) - \frac{a}{2\,r}(t_1 - t_x)\left[y + \frac{\Delta t}{r}(2-y)\right] + a \cdot r_0 K\,.$$

Hieraus läßt sich berechnen

$$18)\ a = \frac{A + B - \frac{t_1 - t_x}{2\,r}[l_0 + s\,(F-1)]\left(y + \frac{\Delta t}{r}(2-y)\right)}{r_0 \cdot K - \frac{t_1 - t_x}{2\,r}\left[y + \frac{\Delta t}{r}(2-y)\right]}\,.$$

und

$$19)\ a = \frac{A + B - \frac{t_1 - t_x}{2\,r}\left(y + \frac{\Delta t}{r}(2-y)\right)[l_0 + s\,(F-1)]}{r_0 \cdot K - \frac{t_1 - t_x}{2\,r}\left(y + \frac{\Delta t}{r}(2-y)\right)}\,.$$

Aus a wird dann wieder A und B in der bekannten Weise bestimmt.

f) Praktisches Beispiel einer Berechnung von a unter Berücksichtigung der Kondensatabdunstung.

Die Zahlen des Beispiels sind dieselben wie in der Berechnung Beispiel 1 Abschnitt c dieses Kapitels. Der Genauigkeitsgrad der Gleichung 17) ist ebenso bestimmt wie in dem dortigen Beispiel.

$$a = \frac{10\,000 - \frac{50}{2 \cdot 540}\left(6 + \frac{10}{540}(2 - 6)\right)(12\,500 + 1625\,(0{,}3 - 1))}{515{,}15 - 0{,}011\,116\,6 - \frac{50}{2 \cdot 540}\left(6 + \frac{10}{540}(2 - 6)\right)}$$

$$= 1263 \text{ kg.}$$

Kontrolle durch Berechnung des Verdampfungsvorganges in den einzelnen Stufen.

Stufe I. 12 500 kg Lösung treten ein.

1 263 kg Heizdampf verdampfen

$$\frac{1263 \cdot 515{,}15}{522{,}29} = \mathbf{1246 \text{ kg.}}$$

Stufe II. 1 246 kg Heizdampf verdampfen

$$\frac{1246 \cdot 522{,}29}{5219{,}41} = \mathbf{1229 \text{ kg.}}$$

12 500 kg Lösung ist vermindert um 1246 kg und enthält jetzt 9629 kg Lösungswasser und 1625 kg Trockensubstanz. Bei einer Abkühlung um 10^0 werden hieraus frei

$$9629 \cdot 10 + 1625 \cdot 3 = 96\,290 + 4875 = 101\,165 \text{ cal.}$$

Diese reichen aus zur Verdampfung von

$$101\,165 : 529{,}41 = 190{,}9 \text{ kg.}$$

Es entstehen also in Stufe II

$$1229 + 190{,}9 = \mathbf{1419{,}9} \text{ kg Brüden.}$$

Stufe III. 1419,9 kg Heizdampf verdampfen

$$\frac{1419{,}9 \cdot 529{,}41}{536{,}5} = \mathbf{1402 \text{ kg.}}$$

Infolge Verdampfung der vorigen Stufe treten nur noch ein 8209,1 kg Lösungswasser und 1625 kg Trockensubstanz. Es werden frei

$$82\,091 + 4875 = 86\,966 \text{ cal.}$$

Diese reichen aus zur Verdampfung von

$$86\,966 : 536{,}5 = \mathbf{162{,}1 \text{ kg.}}$$

Hier tritt aber noch die Verdampfung durch Kondensatabdunstung hinzu. Es treten 1246 kg Kondensat ein, die durch die Abkühlung um 10^0 12 460 : 536,5 = **23,2 kg** Lösungswasser in Dampf verwandeln.

Es entstehen also in Stufe III

1402 + 162,1 + 23,2 = **1587,3 kg** Brüden.

Stufe IV. 1587,3 kg Heizdampf verdampfen

$$\frac{1587{,}3 \cdot 536{,}5}{543{,}57} = \mathbf{1567\ kg.}$$

Infolge Verdampfung der vorigen Stufe treten nur noch ein 6621,8 kg Lösungswasser und 1625 kg Trockensubstanz. Es werden frei

66 218 + 4875 = 71 093 cal.

Dazu kommen noch die durch Überführung des Kondensats frei werdenden Kalorien 12 460 + 14 199 = 26 659. Im ganzen werden also frei 71 093 + 26 659 = 97 752 cal. Diese verdampfen

97 752 : 543,57 = **179,7 kg.**

Es entstehen in Stufe IV

1567 + 179,7 = **1746,7 kg** Brüden.

Stufe V. 1746,7 kg Heizdampf verdampfen

$$\frac{1746{,}7 \cdot 543{,}57}{550{,}62} = \mathbf{1724\ kg.}$$

Infolge Verdampfung der vorigen Stufe treten nur noch ein 4875,1 kg Lösungswasser und 1625 kg Trockensubstanz. Es werden frei

48 751 + 4875 = 53 626 cal.

Hierzu kommen durch Kondensatabdunstung

26 659 + 15 873 = 42 532 cal,

so daß zur weiteren Verdampfung zur Verfügung stehen in Summa 96 158 cal.

Diese reichen aus zur Verdampfung von

96 158 : 550,62 = **174,6 kg.**

Es entstehen also in Stufe V

1724 + 174,6 = **1898,6 kg** Brüden.

Stufe VI. 1898,6 kg Heizdampf verdampfen

$$\frac{1898{,}6 \cdot 550{,}62}{557.62} = \mathbf{1875\ kg.}$$

Infolge Verdampfung der vorigen Stufe treten nur noch ein 2976,5 kg Lösungswasser und 1625 kg Trockensubstanz Es werden frei

$$29\,765 + 4875 = 34\,640 \text{ cal}$$

und außerdem noch durch weitere Kondensatorabdunstung

$$42\,532 + 17\,467 = 59\,999 \text{ cal,}$$

in Summa also 94 639 cal. Diese reichen aus zur Verdampfung von

$$94\,639 : 557{,}65 = \mathbf{169{,}7\ kg.}$$

In der Vl. und letzten Stufe verdampfen also noch

$$1875 : 169{,}77 = \mathbf{2044{,}7\ kg}$$

Lösungswasser, so daß dieses abnimmt bis 931,8 kg und die Gesamtlösung bis $\sim$ 2557 kg statt bis auf 2500 kg wie gefordert.

Die Gleichung 17 ergibt also in vorliegendem Beispiel auf 10 000 kg zu verdampfendes Lösungswasser einen Fehler von 57 kg oder von 0,57 %, und zwar sind die Werte um 0,57 % zu klein. Die Gleichung ist also auch hier mit genügender Genauigkeit verwendbar.

g) Beziehung zwischen der Größe $z + \omega$ und a bei Kondensatabdunstung.

Auch hier interessiert es wiederum zu wissen, in welchem Zusammenhang die Menge des Endbrüdens mit der Menge des in die erste Heizstufe eingeleiteten Heizdampfes steht.

Über die Größe ω sagt Gleichung (10) des vorhergehenden Abschnittes

$$1)\quad \omega = (y - 1)\,[l_0 + s\,(F - 1)]\frac{\Delta t}{r_x} - b\,\frac{\Delta t}{r_x} - c\,\frac{\Delta t}{r_x} - d\,\frac{\Delta t}{r_x} - \ldots (z - 1)\frac{\Delta t}{r_x} - \gamma\,\frac{\Delta t}{r_x} - \delta\,\frac{\Delta t}{r_x} - \ldots (\omega - 1)\frac{\Delta t}{r_x}.$$

Nimmt man auch hier wieder an, daß

$$b\,\frac{\Delta t}{r_x} = (c + \gamma)\,\frac{\Delta t}{r_x} = (d + \delta)\,\frac{\Delta t}{r_x} = [(z - 1) + (\omega - 1)]\,\frac{\Delta t}{r_x},$$

so ergibt sich

$$2)\quad \omega = (y-1)\,[l_0 + s\,(F-1)]\frac{\Delta t}{r_x} - (y-1)\,b\,\frac{\Delta t}{r_x}$$

oder bei $b = a$

$$3)\quad \omega = (y-1)\frac{\Delta t}{r_x}\,[l_0 + s\,(F-1)] - (y-1)\frac{\Delta t}{r_x}\,a\,.$$

Dieser Ausdruck wird für $y = 1$ zu 0, für $y = 2$ zu γ und bei Berücksichtigung der Beziehung

$$a\,\frac{\Delta t}{r_x} = b\,\frac{\Delta t}{r_x} = (c+\gamma)\frac{\Delta t}{r_x}$$

für $y = 3$ zu δ.

Addiert man zu Gleichung 3) die Gleichung

$$4)\qquad z = a\cdot\frac{r_0}{r_x},$$

so erhält man

$$5)\quad z + \omega = (y-1)\frac{\Delta t}{r_x}\,[(l_0 + s\,(F-1)] - (y-1)\frac{\Delta t}{r_x}\,a + a\cdot\frac{r_0}{r_x}$$

oder unter Zusammenziehung der Gleichung und Berücksichtigung der Beziehungen $(y-1)\,\Delta_t = t_1 - t_x$ und $z + \omega = e$ = Endbrüden

$$6)\quad e = \frac{(t_1 - t_x)}{r_x}\,[l_0 + s\,(F-1)] + \frac{a}{r_x}((r_0 - (t_1 - t_x)).$$

a erhält aus dieser Gleichung den Wert

$$7)\qquad a = \frac{\left(e - \frac{t_1 - t_x}{r_x}\,[l_0 + s\,(F-1)]\right) r_x}{r_0 - (t_1 - t_x)}$$

oder

$$8)\qquad a = \frac{e\cdot r_x - (t_1 - t_x)\,[l_0 + s\,(F-1)]}{r_0 - (t_1 - t_x)}$$

h) Wärmebilanz der reinen mehrstufigen Verdampfung.

Nachdem A und B bekannt sind, ist es möglich, die Wärmebilanz genau wie bei der einstufigen Verdampfung aufzustellen.

Eingeführt werden:

1) $a\,\lambda_0$

2) $l_0\,u_0 = [l_0 + s\,(F - 1)]\,q_1.$

Ausgeführt werden:

1) $a\,q_0$

2) $z\,\lambda_x$

3) $\omega \cdot \lambda_x$

4) $l_x \cdot u_x = (l_0 + s\,(F - 1) - A - B)\,q_x$

5) $b_{q1} + (c + \gamma)\,q_2 + (d + \delta)\,q_3 + \ldots [(z - 1) + (\omega - 1)]\,q_{x-1}$

als Wärmesumme aller Kondenswasserabgänge in den einzelnen Stufen mit Ausnahme der ersten.

Für den Summenausdruck der Größe 5) soll im folgenden die Bezeichnung Q gesetzt werden. Q bedeutet demnach die Gesamt-Wärmemenge, die durch die in den Kessel nicht wieder aufnehmbaren Kondenswässer aus der Verdampfstation abgeführt wird.

Da im Beharrungszustande Ein- und Ausfuhr balanzieren müssen, so gilt die Beziehung

5) $$a\,\lambda_0 + l_0\,u_0 = a\,q_0 + z\,\lambda_x + \omega\,\lambda_x + l_x\,u_x + Q.$$

Addiert man auf der rechten Seite der Gleichung $z\,q_x$ und subtrahiert es wieder, so erhält man

6) $$a\,\lambda_0 - a\,q_0 + l_0 u_0 = z\,\lambda_x - z\,q_x + \omega\,\lambda_x + z\,q_x + l_x\,u_x + Q.$$

Unter Berücksichtigung

$$a\,(\lambda_0 - q_0) = z\,(\lambda_x - q_x)$$

wird hieraus

7) $$l_0\,u_0 = \omega\,\lambda_x + z\,q_x + l_x\,u_x + Q$$

und

8) $$l_0\,u_0 - l_x\,u_x = Q + \omega\,\lambda_x + z\,q_x.$$

Addiert und subtrahiert man wieder $z\,r_x$, so erhält man

9) $$l_0\,u_0 - l_x\,u_x = Q + (z + \omega)\,\lambda_x - z\,r_x$$

und da $z\,r_x = a\,r_0$

10) $$l_0\,u_0 - l_x\,u_x = Q + (z + \omega)\,\lambda_x - a\,r_0.$$

Diese Gleichung sagt in Worten:

Die Wärmedifferenz, die besteht zwischen dem Wärmegehalt der in die Verdampfungsstation eintretenden Lösung und der aus ihr austretenden, findet sich wieder in den nicht in den Dampfkessel rückführbaren Kondenswässern und dem Abdampfbrüden der letzten Verdampfungsstufe, soweit dessen Wärmegehalt nicht von der Verdampfungswärme des in die erste Stufe eingeleiteten Heizdampfes bestritten wird.

Die Gleichung zeigt ferner, daß man die in der Lösung enthaltene Wärmemenge nicht nur in den schlecht ausnutzbaren Kondenswässern wiederfindet, sondern auch in der Form von besser verwendbarem Abdampfbrüden. Bei Besprechung der gemischten Verdampfung wird dieses von Wichtigkeit sein.

i) Wärmeverluste der Verdampfstation.

Von einer Besprechung der Wärmeverluste ist zwar im allgemeinen abgesehen worden, doch möge hier eine Ausnahme gestattet sein, da die Gleichung 10) des vorigen Abschnitts einen bequemen Anhalt zur Beurteilung des Charakters dieser Verluste in der Verdampfstation gibt.

Es wird vorausgesetzt, daß durch das Auftreten von Wärmeverlusten durch Ausstrahlung, Undichtigkeiten und äußere Abkühlung eine Herabsetzung der Verdampfungsleistung oder eine Vergrößerung des Temperaturgefälles nicht stattfinden soll, daß also mit anderen Worten die Wärmeverluste durch erhöhte Wärmezufuhr ausgeglichen werden sollen. Diese Voraussetzung ist statthaft, da sie lediglich eine andere Formulierung der Aufgabe bedeutet, bei einer bestehenden Verdampfungsanlage mit bekannter Leistung und bekanntem Temperaturgefälle die Einflußart der auftretenden Wärmeverluste zu bestimmen.

Gleichung 10) des vorigen Abschnitts lautet, so umgeformt, daß links die eingeführte Wärmemenge, rechts die ausgeführte Wärmemenge steht,

$$1)\qquad l_0 u_0 + a \cdot r_0 = Q + (z + \omega)\,\lambda_x + l_x \cdot u_x.$$

Gilt nun die oben gemachte Voraussetzung, so werden alle Größen der Gleichung 1) konstant.

Sie läßt sich dann schreiben

$$2)\qquad a \cdot r_0 = C = \text{konst.}$$

Tritt jetzt auf der rechten Seite der Gleichung ein Wärmeverlust im Betrage von V hinzu, so wird aus der Gleichung eine Ungleichung, die nur durch Vergrößerung von a um den Betrag von a′ ausgeglichen werden kann. Es wird dann

$$3)\qquad a \cdot r_0 + a' r_0 = C + V.$$

a′ ist dann der Betrag, um den die Menge des in den ersten Verdampfkörper eintretenden Heizdampfes vermehrt werden muß, um die auftretenden Wärmeverluste zu bestreiten.

Jeder Wärmeverlust der Verdampfstation kostet also einen gewissen Betrag direkten Dampfes mehr, als eigentlich zur Erzielung der gewünschten Verdampfungsleistung nötig wäre.

Es ist also bei den großen Oberflächen, die eine Verdampfstation im allgemeinen besitzt, eine gute Isolierung von großer Wichtigkeit.

k) Graphische Darstellung der bisher gewonnenen Ergebnisse.

Die bisher abgeleiteten Formeln für die Größen A, B, a und e zeigen den Fehler aller umfangreichen mathematischen Ausdrücke, sie sind unübersichtlich, prägen sich schwer ein und lassen die Art ihrer Abhängigkeit von verschiedenen veränderlichen Größen nicht leicht erkennen.

Diese Übersichtlichkeit wird aber erreicht durch graphische Darstellung der Formeln. So ist denn eine graphische Darstellung in den Fig. 4—21 gegeben worden.

Die dargestelltenKurven sollen im einzelnen besprochen werden.

In den Figuren 4—11 sind zunächst die Gleichungen 23), 21) und 24) des Abschnitts b dieses Kapitels für die Größen a, A und B für verschiedene Temperaturlagen und Trockensubstanzgehalte der Lösungen in Abhängigkeit von wechselnder Stufenzahl dargestellt worden.

Zu Fig. 4. Die Formeln sind bezogen auf 10 000 kg zu Lösungswasser.

Die Anfangslösung $l_0 = 12\,500$ kg hat 13 % Trockensubstanzgehalt.

Die Endlösung $l_x = 2500$ kg hat 65 % Trockensubstanzgehalt.

Die Gesamttrockensubstanz ist = 1625 kg. Die Temperatur des ersten Heizdampfes t_0 ist = 130°, die Temperatur des Endbrüdens $t_x = 65^0$. Die Größen A, B, a sind als Ordinaten über der

10 Stufen. $t_0 = 130^0$, $t\,x = 65^0$.
$l_0 = 12\,500$, $l\,x = 2500$, $s = 1625$.

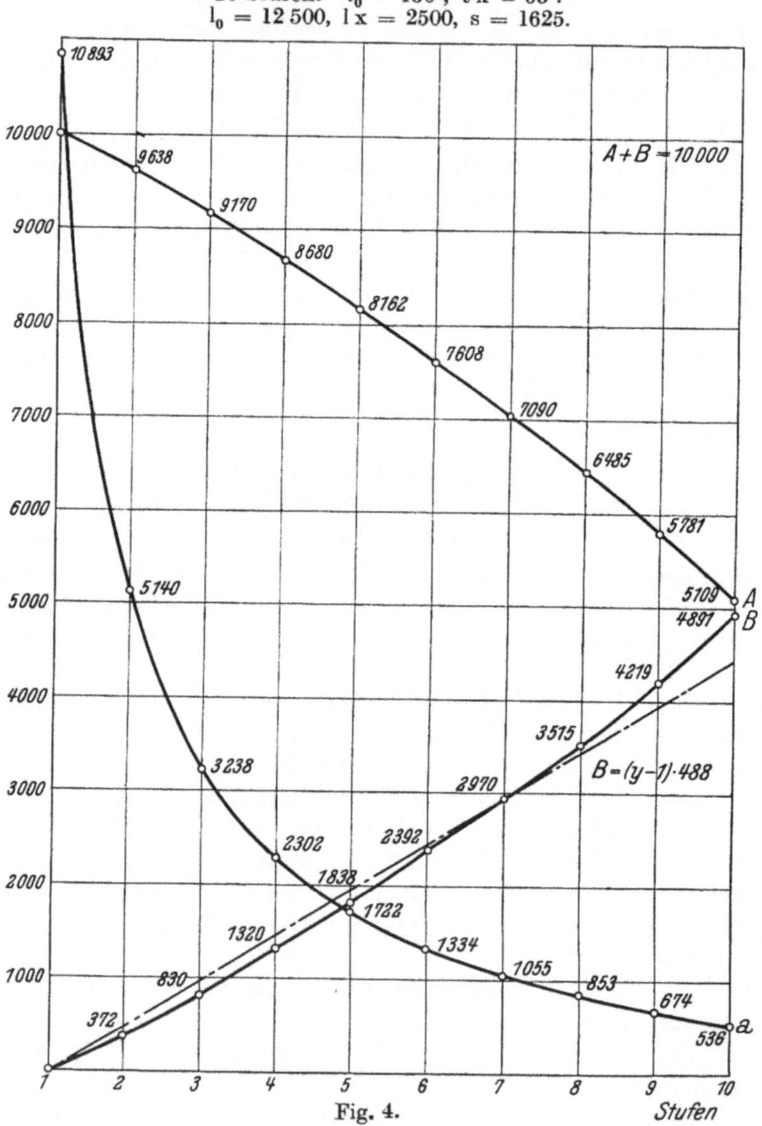

Fig. 4.

Stufenzahl als Abszisse aufgetragen. Als höchste Stufenzahl ist 10 angenommen.

Es ist zunächst a aus Gleichung 23) berechnet worden, dann das dem jedesmaligen a entsprechende A aus Gleichung 21) und schließlich B aus der Differenz (A + B)— A = 10 000 kg — A. Die a-Kurve zeigt parabolischen Charakter und nähert sich mit wachsender Stufenzahl der Nullinie.

4 Stufen. $t_0 = 130^0$, $t\,x = 100^0$.
$l_0 = 12500$, $l\,x = 2500$, $s = 1625$.

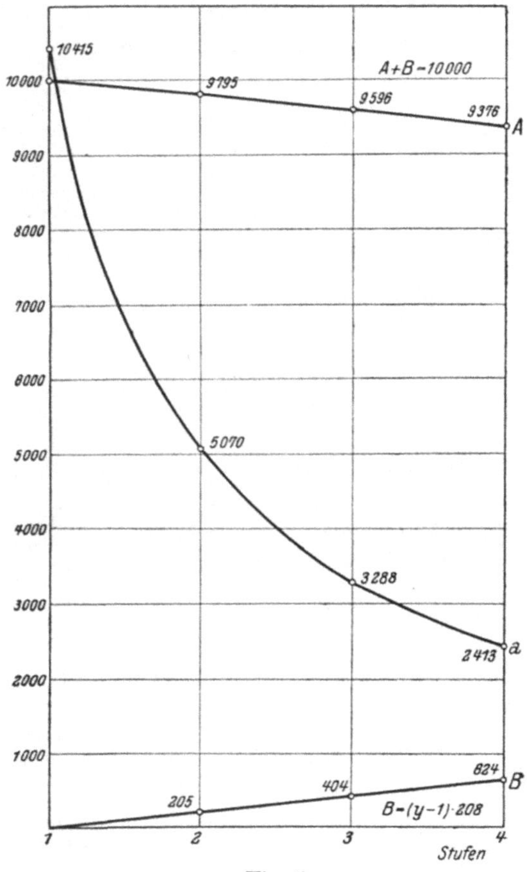

Fig. 5.

Der Verlauf der Kurve zeigt ferner, daß jenseits der fünften und sechsten Stufe mit Vergrößerung der Stufenzahl ein wesentlicher Nutzen hinsichtlich Verkleinerung von a nicht mehr zu erzielen ist. Die B-Kurve nähert sich mit wachsender Stufenzahl immer mehr der A-Kurve, so daß bei 10 Stufen B bereits annähernd = A ist, während noch bei 6 Stufen B kaum $^1/_3$ von A erreicht. Bei weiter zunehmender Stufenzahl würde B über A hinauswachsen und sich der A + B-Linie nähern, A dagegen der Nullinie. Statt der B-Kurve läßt sich annähernd eine gerade Linie einführen von der Gleichung

$$B = (y - 1) \cdot 488,$$

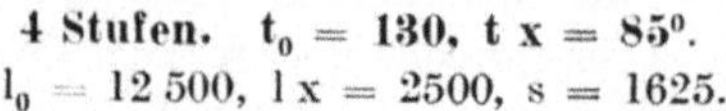

4 Stufen. $t_0 = 130$, $t\,x = 85^0$.
$l_0 = 12\,500$, $l\,x = 2500$, $s = 1625$.

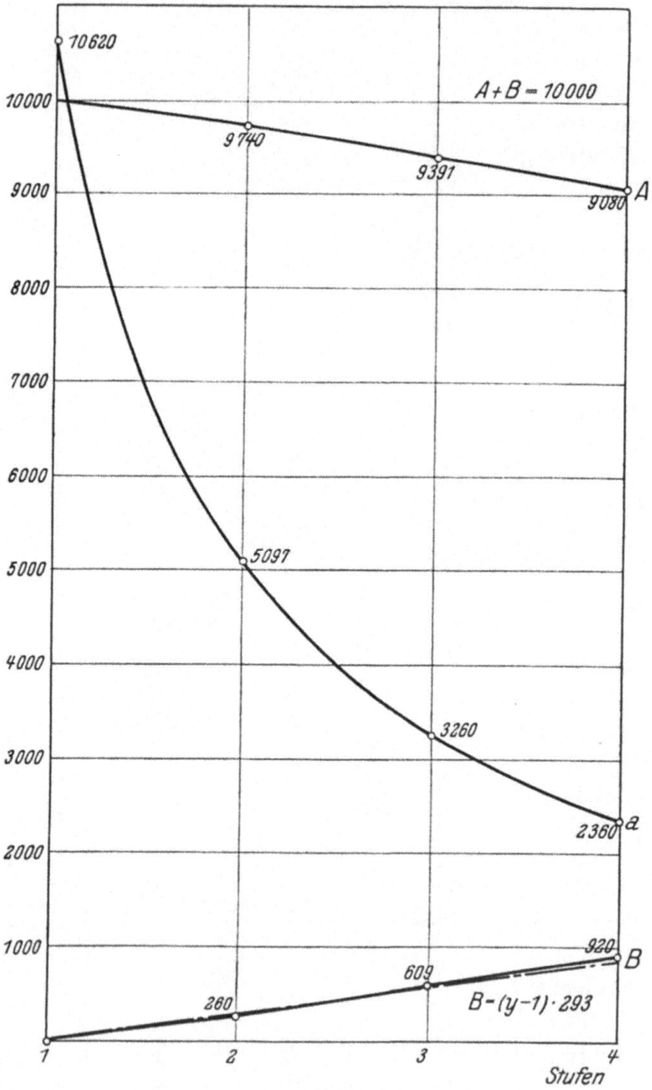

Fig. 6.

wenn y die Stufenzahl bedeutet. Der Wert 488 schwankt naturgemäß mit wechselndem $t_0 - t_x$ und mit wechselndem Trockensubstanzgehalt, ist aber geeignet, bei überschläglichen Rechnungen einen ungefähren Anhalt zu gewähren.

Tabellen für K und $l \times r_0 \times K$.

10 Stufen, $t_0 = 130^0$, $t_x = 65^0$.

K 1 = 0,001 7820	. . . . .	$l \cdot r_0 K$ = 0,918
K 2 = 0,003 6398	. . . . .	$l \cdot r_0 K$ = 1,875
K 3 = 0,005 4984	. . . . .	$l \cdot r_0 K$ = 2,832
K 4 = 0,007 3346	. . . . .	$l \cdot r_0 K$ = 3,771
K 5 = 0,009 2009	. . . . .	$l \cdot r_0 K$ = 4,740
K 6 = 0,011 0761	. . . . .	$l \cdot r_0 K$ = 5,703
K 7 = 0,012 9351	. . . . .	$l \cdot r_0 K$ = 6,661
K 8 = 0,014 7574	. . . . .	$l \cdot r_0 K$ = 7,603
K 9 = 0,016 6463	. . . . .	$l \cdot r_0 K$ = 8,576
K10 = 0,018 5026	. . . . .	$l \cdot r_0 K$ = 9,530

4 Stufen, $t_0 = 130^0$, $t_x = 100^0$.

K 1 = 0,001 8639	. . . . .	$l \cdot r_0 K$ = 0,960
K 2 = 0,003 7512	. . . . .	$l \cdot r_0 K$ = 1,932
K 3 = 0,005 6675	. . . . .	$l \cdot r_0 K$ = 2,918
K 4 = 0,007 5429	. . . . .	$l \cdot r_0 K$ = 3,886

4 Stufen, $t_0 = 110^0$, $t_x = 65^0$.

K 1 = 0,001 7820	. . . . .	$l \cdot r_0 K$ = 0,943
K 2 = 0,003 6084	. . . . .	$l \cdot r_0 K$ = 1,910
K 3 = 0,005 4500	. . . . .	$l \cdot r_0 K$ = 2,885
K 4 = 0,007 2768	. . . . .	$l \cdot r_0 K$ = 3,852

4 Stufen, $t_0 = 130^0$, $t_x = 85^0$.

k_1 = 0,001 828	. . . . .	$l \cdot r_0 k$ = 0,941
k_2 = 0,003 710	. . . . .	$l \cdot r_0 k$ = 1,910
k_3 = 0,005 593	. . . . .	$l \cdot r_0 k$ = 2,880
k_4 = 0,007 470	. . . . .	$l \cdot r_0 k$ = 3,846

Zu Fig. 5. Gegenüber Fig. 4 ist nur die Temperaturlage und die Temperaturdifferenz $t_0 - t_x$ geändert. t_0 ist $= 130^0$, $t_x = 100^0$, so daß der Vorgang der Verdampfung in einer im Mittel etwa $17{,}5^0$ höheren Temperaturlage sich abspielt mit einer Temperaturdifferenz von 30^0 gegenüber 65^0 im ersten Falle. Als höchste Stufenzahl ist 4 angenommen.

Als Hauptmerkmal dieser neuen Sachlage tritt der erheblich flachere Verlauf der B- und A-Kurve hervor. Die ebenso wie in Fig. 4 konstruierte Näherungsgerade für die B-Kurve hat die Gleichung

$$B = (y - 1)\,208.$$

4 Stufen. $t_0 = 110^0$, $t\,x = 65^0$.
$l_0 = 12\,500$, $l\,x = 2500$, $s = 1625$.

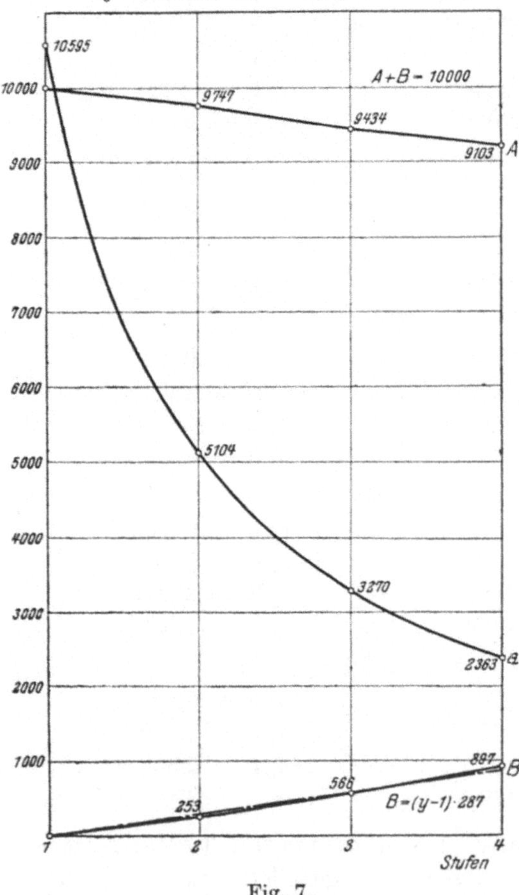

Fig. 7.

Zu Fig. 6 u. 7. Hier ist abermals eine Veränderung der Temperaturlage vorgenommen.

$t_0 = 130^0$ $t_x = 85^0$ und

$t_0 = 110^0$ $t_x = 65^0$.

Temperaturmittel $107{,}5^0$ bzw. $87{,}5^0$ gegenüber $97{,}5^0$ in Fig. 4 und 115^0 in Fig. 5. Temperaturdifferenz in beiden Fällen $t_0 - t_x = 45^0$ gegenüber 65^0 in Fig. 4 und 30^0 in Fig. 5.

Auch hier verläuft die B-Kurve flach, aber steiler als in Figur 5, die Annäherungsgeraden haben die Gleichung

$$B = (y - 1) \cdot 293$$

und

$$B = (y - 1) \cdot 287.$$

Zu Fig. 8. Die in den Fig. 4, 5 und 7 aufgezeichneten a-Kurven sind in Fig. 8 für die ersten 3 Stufen zusammengestellt.

Hier zeigt sich vor allem der Einfluß der Temperaturdifferenz $t_0 - t_x$. Die Kurven mit der größten Temperaturdifferenz verlaufen steiler als die mit der geringeren Differenz. Die Wirkung einer Vermehrung der Stufenzahl ist also hinsichtlich Verkleinerung von a größer bei größerer Differenz zwischen Eingangs- und Ausgangstemperatur.

Zu Fig. 9—11. In den Fig. 9—11 ist gegenüber den Fig. 4—7 keine Veränderung in der Temperaturlage, sondern in den in die Verdampfstation eintretenden Lösungsmengen und deren Trockensubstanzgehalten vorgenommen.

Die Formeln sind wieder bezogen auf 10 000 kg zu verdampfendes Lösungswasser.

In Fig. 9 hat die Anfangslösung l_0 = 28571,4 kg 13% Trockensubstanz, entsprechend dem in die Verdampfstation ein tretenden Dünnsafte, die Endlösung l_x = 18 571,4 kg hat dagegen 20 % Trockensubstanz, wie

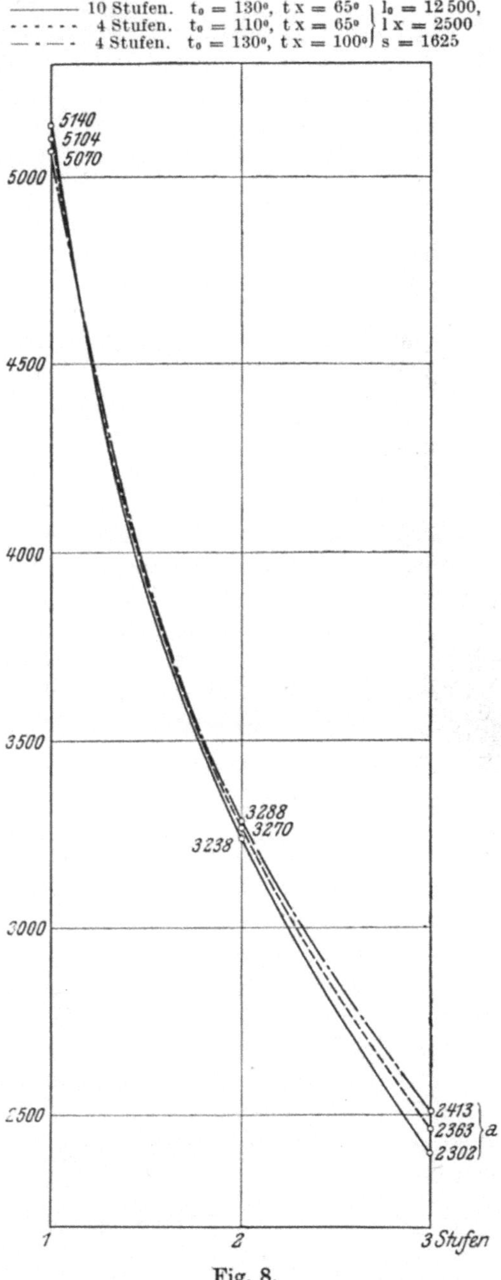

Fig. 8.

sie etwa nach dem Passieren zweier Saftkocher und des ersten Körpers erreicht wird. Die Gesamttrockensubstanz ist 3714 kg. Die Temperatur des ersten Heizdampfes ist $t_0 = 130^0$. Die Temperatur des Endbrüdens $t_x = 100^0$. Alle 3 Kurven verlaufen steiler als in dem analogen Falle der Fig. 5. Die Annäherungsgerade für die B-Kurve hat die Gleichung

$$B = (y - 1)\ 623$$

gegenüber

$$B = (y - 1)\ 208$$

im Vergleichsfalle. Das Anwachsen des Koeffizienten in diesen Gleichungen von 208 auf 623 zeigt den sehr starken Einfluß, den die Menge der Lösung auf die Größe der inneren Verdampfung ausübt.

Fig. 10 steht im Vergleich mit Fig. 7. Die Anfangslösung l_0 ist = 14 444,4 kg und hat 20 % Trockensubstanz, wie sie in Fig. 9 als Endlösung angenommen wurde, die Endlösung l_x = 4444,4 kg hat dagegen 65 % Trockensubstanz entsprechend dem die Verdampfstation verlassenden Dicksafte.

Die Gesamttrockensubstanz ist 2888,9 kg. Die Temperatur des ersten Heizdampfes ist $t_0 = 110^0$, die Temperatur des Endbrüdens $t_x = 65^0$. Die Kurven verlaufen erheblich flacher als in Fig. 9, aber ein wenig steiler als in Fig. 7.

Die Annäherungsgrade für B hat die Gleichung

$$B = (y - 1)\ 326.$$

In Fig. 11 ist eine weitere Erhöhung der Lösungsmengen vorgenommen. Die Anfangslösung l_0 ist gleich 52 000 kg und enthält 6760 kg Trockensubstanz, entsprechend einem 13 % Trockensubstanz enthaltenden Dünnsafte. Die Endlösung ist = 42 000 kg und enthält etwa 16 % Trockensubstanz, entsprechend einem Safte, der bereits zwei Saftkocher durchwandert hat.

Die gezeichneten Kurven verlaufen ganz erheblich steiler als in allen vorhergehenden Fällen und zeigen deutlich den großen Einfluß der Lösungsmengen und der in ihnen aufgespeicherten Wärme auf die innere Verdampfung. Die Annäherungsgleichung der B-Linie lautet

$$B = (y - 1)\ 2667.$$

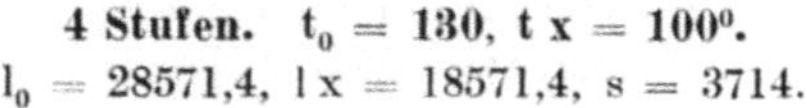

4 Stufen. $t_0 = 130$, $t\,x = 100^0$.

$l_0 = 28571{,}4$, $l\,x = 18571{,}4$, $s = 3714$.

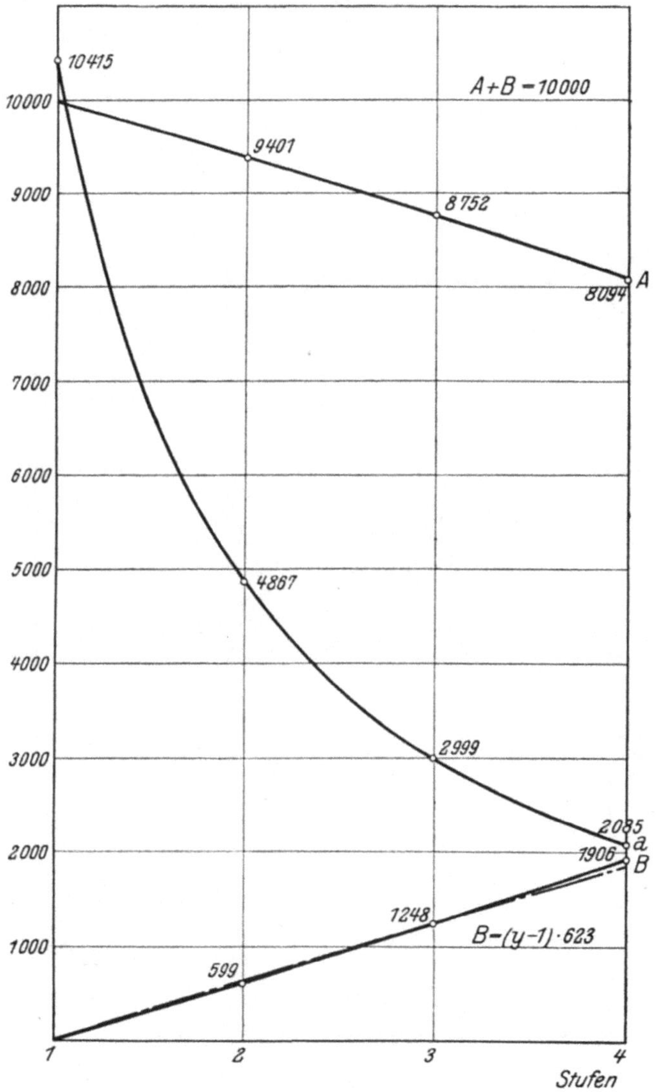

Fig. 9.

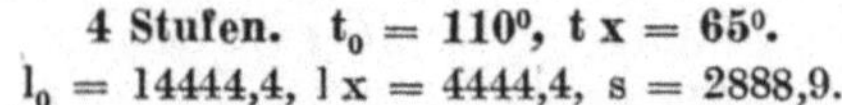

4 Stufen. $t_0 = 110^0$, $t\,x = 65^0$.
$l_0 = 14444{,}4$, $l\,x = 4444{,}4$, $s = 2888{,}9$.

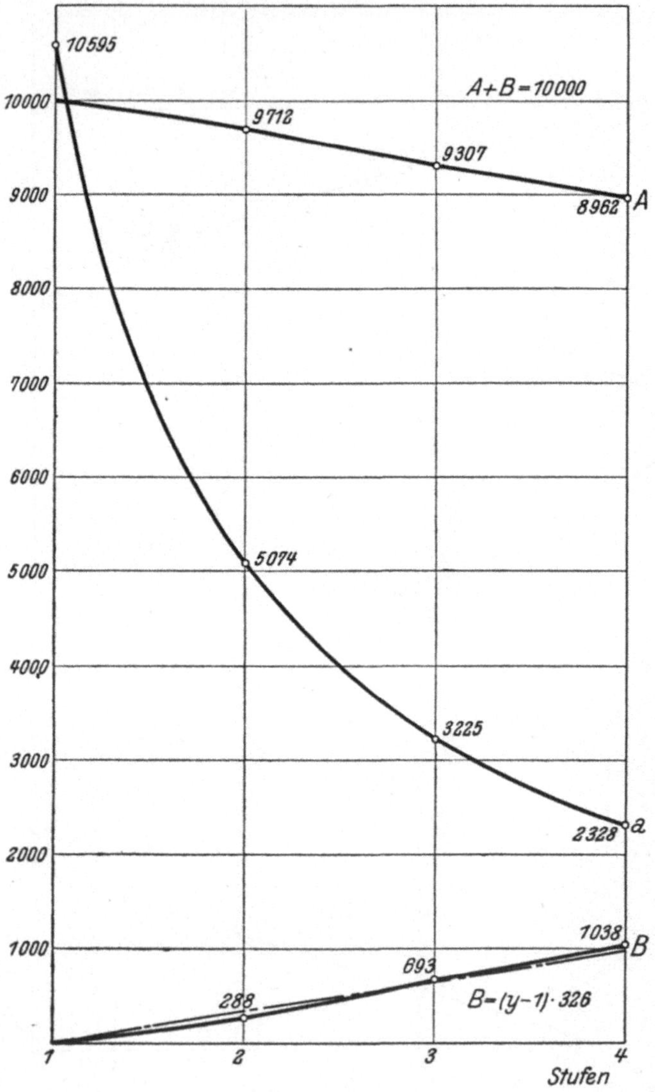

Fig. 10.

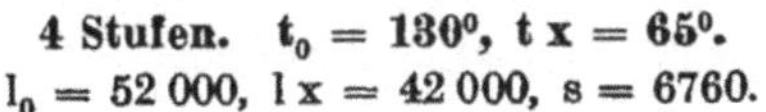

4 Stufen. $t_0 = 130^0$, $t\,x = 65^0$.
$l_0 = 52\,000$, $l\,x = 42\,000$, $s = 6760$.

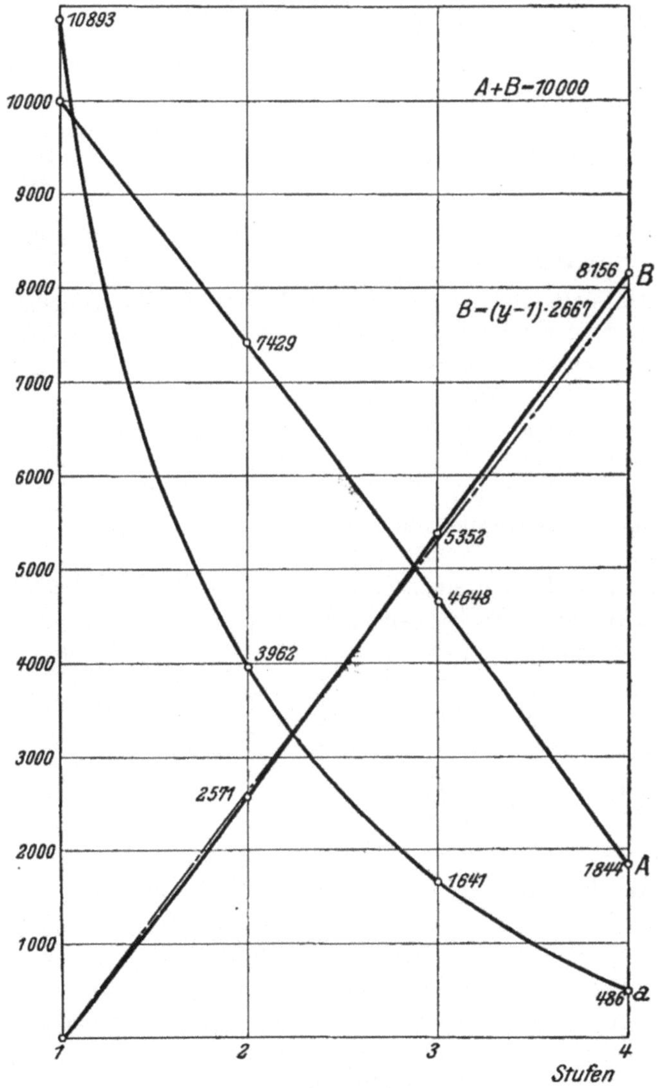

Fig. 11.

Betrachtung der B-Kurven.

Das gewonnene Material gestattet eine Übersicht über die Einflußgrößen verschiedener Faktoren, die bei der Gestaltung der B-Kurven eine Rolle spielen. Als solche Faktoren sind erkannt worden:

1. die Größe der Lösungsmenge,
2. die Größe des Unterschiedes zwischen Temperatur des Heizdampfes und der Temperatur der Endlösung,
$$D = t_0 - t_x,$$
3. die Höhe der Temperaturlage, in der sich der Verdampfungsvorgang abspielt.

Als Maßstab für den Faktor 1 wird zweckmäßig das Verhältnis N der Größe der Lösungsmenge zur Größe der zu verdampfenden Flüssigkeitsmenge angenommen. In den behandelten Fällen ist N = 1,25, 1,444, 2,857 und 5,2.

Als Maßstab für den Faktor 3 dient am besten das Mittel t_m zwischen t_0 und t_x. In den behandelten Fällen ist nacheinander t_m = 97,5°, 115°, 107,5°, 87,5°, 115°, 87,5°, 97,5°.

Die Näherungsgleichung für B hat nun die Form

1) $$B = (y - 1) F_B,$$

worin F_B in den einzelnen Fällen durch verschiedene Zahlen ausgedrückt wird. Es ist nacheinander

I.	für	N = 1,25	D = 65	t_m = 97,5°	F_B = 488
II.	„	N = 1,25	D = 30	t_m = 115°	F_B = 208
III.	„	N = 1,25	D = 45	t_m = 107,5°	F_B = 293
IV.	„	N = 1,25	D = 45	t_m = 87,5°	F_B = 287
V.	„	N = 2,857	D = 30	t_m = 115°	F_B = 623
VI.	„	N = 1,444	D = 45	t_m = 87,5°	F_B = 326
VII.	„	N = 5,2	D = 65	t_m = 97,5°	F_B = 2667

Aus dem Vergleich der Fälle III und IV geht deutlich hervor, daß der Einfluß von t_m nur ganz geringfügig ist, und demnach mit vollem Rechte ganz vernachlässigt werden kann. Bei Vernachlässigung von t_m stellt sich dann F_B als eine gleichzeitige Funktion der beiden Veränderlichen D und N dar. Diese Abhängigkeit der Größe F_B von zwei Veränderlichen kann nun in einem räumlichen Diagramme dargestellt werden, wie es in Fig. 12 geschehen ist.

Als Abszisse ist D eingetragen, und senkrecht dazu, aber in derselben horizontalen Ebene liegend, N. (Der räumlichen, perspektivischen Darstellung wegen erscheint die Abszisse N unter 45° zu D liegend.) Senkrecht zu dieser horinzontalen Ebene sind dann jedesmal die früher gefundenen Werte für F_B in den Schnittpunkten der Zugehörigen D und N als Ordinaten eingezeichnet.

Verbindet man nun die zu jedem N gehörigen F_B-Punkte miteinander und unter Berücksichtigung des Umstandes, daß

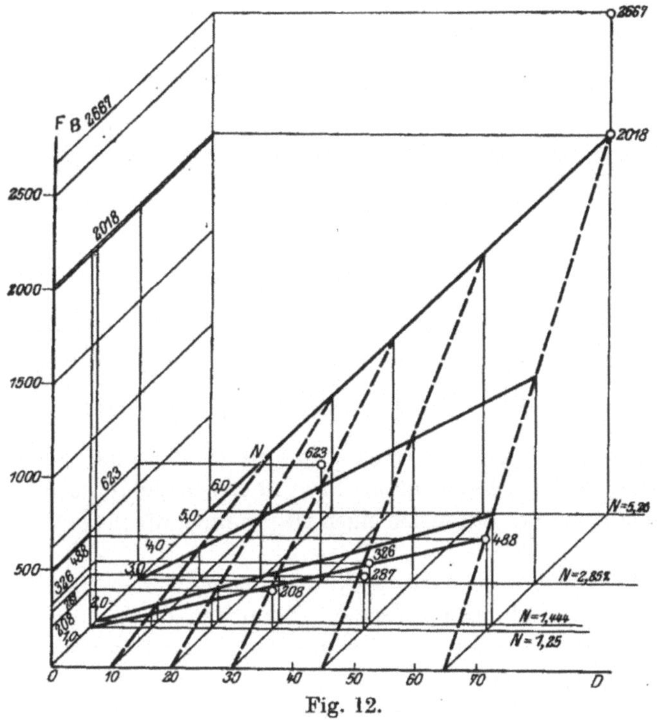

Fig. 12.

für D = 0 auch B = 0 werden muß, auch mit dem jedesmaligen Schnitte der betreffenden N-Linie mit der Nullinie, so ergibt sich für jedes N eine Linie, die, jedesmal von Null beginnend, sich mit wachsendem N steigend von der Nullinie entfernt. Diese Linien müssen Geraden sein, weil nach Gleichung 20), Abschnitt b dieses Kapitels B eine einfache lineare Funktion von D ist. In gleicher Weise ist mit den zu jedem D gehörigen Punkten verfahren worden. Auch hier sind die Schnitte der betreffenden D-Linie mit der Nullinie zur Verbindung herangezogen worden da ebenfalls für N = 0 B = 0 werden muß. Auch diese Linien müssen Geraden sein, da B eine einfache lineare Funktion von l_0 ist, mithin auch von $N = \frac{l_0}{A + B}$.

Die Abweichungen der gefundenen Punkte von diesen Geraden liegen in der bekannten Ungenauigkeit der B-Gleichung begründet.

So entsteht ein Netzwerk von Graden, die zusammen eine windschiefe Fläche bilden.

Die Gleichung dieser windschiefen Fläche läßt sich annähernd ausdrücken durch die Beziehung

2) $$F_B = 6 \cdot D \cdot N.$$

Da weiter

3) $$B = (y - 1)\, F_B$$

ist, so ergibt sich für B der annähernde, sehr einfache Ausdruck

4) $$B = 6\,(y - 1)\, D \cdot N.$$

In dieser Gleichung bedeutet, um es zu wiederholen, y die Stufenzahl, D die Temperaturdifferenz $t_0 - t_x$ zwischen Heizdampf und Endlösung und N das Verhältnis $\frac{l_0}{A + B}$ der Anfangslösung zur Menge, die verdampft werden soll, und die für die vorliegende Gleichung immer zu 10 000 angenommen werden muß. Für andere Lösungsmengen ist B dann einfach im Verhältnis umzurechnen.

Für den Fall der Fig. 4 würden sich z. B. unter Anwendung der Gleichung 4 folgende Werte für B ergeben, die in der folgenden kleinen Tabelle vergleichsweise mit den wirklich gefundenen zusammengestellt sind.

Stufenzahl	Mit Gleichung 4 errechnete Werte	Gefundene Werte	Differenz	Differenz in Prozenten
y = 2	B = 486	B = 372	+ 114	+ 30,7 %
y = 3	B = 973	B = 830	+ 143	+ 17,2 %
y = 4	B = 1460	B = 1320	+ 140	+ 10,6 %
y = 5	B = 1950	B = 1838	+ 112	+ 6,1 %
y = 6	B = 2430	B = 2392	+ 38	+ 1,6 %
y = 7	B = 2920	B = 2970	— 50	— 1,7 %
y = 8	B = 3410	B = 3515	— 105	— 3,0 %
y = 9	B = 3900	B = 4219	— 319	— 7,6 %
y = 10	B = 4380	B = 4891	— 511	— 10,4 %

Durchschnittsdifferenz ~ + 4,8 %

Für Fig. 9 ergibt eine gleiche Zusammenstellung:

Stufenzahl	Mit Gleichung 4 errechnete Werte	Gefundene Werte	Differenz	Differenz in Prozenten
y = 2	B = 516	B = 599	83	— 13,8 %
y = 3	B = 1032	B = 1248	216	— 17,2 %
y = 4	B = 1548	B = 1906	358	— 18,8 %
			Durchschnittsdifferenz	— 16,6 %

Für Fig. 11:

Stufenzahl	Mit Gleichung 4 errechnete Werte	Gefundene Werte	Differenz	Differenz in Prozenten
y = 2	B = 2030	B = 2571	— 541	— 21,1 %
y = 3	B = 4060	B = 5352	— 1292	— 24,2 %
y = 4	B = 6090	B = 8156	— 2066	— 25,3 %
			Durchschnittsdifferenz	— 23,5 %

Für Fig. 10:

Stufenzahl	Mit Gleichung 4 errechnete Werte	Gefundene Werte	Differenz	Differenz in Prozenten
y = 2	B = 388	B = 288	+ 100	+ 34,7 %
y = 3	B = 776	B = 693	+ 83	+ 12,0 %
y = 4	B = 1164	B = 1038	+ 126	+ 12,1%
			Durchschnittsdifferenz	+ 16,3 %

Die Gleichung gibt also einen, wenn auch nur ungefähren, Anhalt für die Größe B, zumal wenn man berücksichtigt, daß auch die zum Vergleich herangezogenen gefundenen Werte nicht ganz genau sind.

Zu Fig. 13 u. 14. Diese beiden Figuren sind im Vergleich mit den Fig. 4 und 11 gezeichnet unter Berücksichtigung der Kondensatabdunstung nach der Gleichung 19), Abschnitt e und den Gleichungen 21) und 24), Abschnitt b dieses Kapitels.

Die in Abschnitt e enthaltene Besprechung des Einflusses der Kondensatabdunstung bestätigt sich durch die erhaltenen Kurven.

In Fig. 13 ist der Abfall von a^2 viel größer, als der des zum Vergleich gestrichelt eingezeichneten a^1 aus Fig. 4. Ebenfalls ist B größer. Der Faktor F_B ist in Fig. 13 = 605 gegenüber 488 in Fig. 4, und 2707 in Fig. 14 gegenüber 2667 in Fig. 11. Immerhin ist der Einfluß der Kondensatabdunstung nicht so groß, wie er auf den ersten Anblick hin hätte erwartet werden können

10 Stufen mit Condensatabdunstung.

$t_0 = 130^0$, $t\,x = 65^0$, $l_0 = 12500$, $l\,x = 2500$, $s = 1625$.

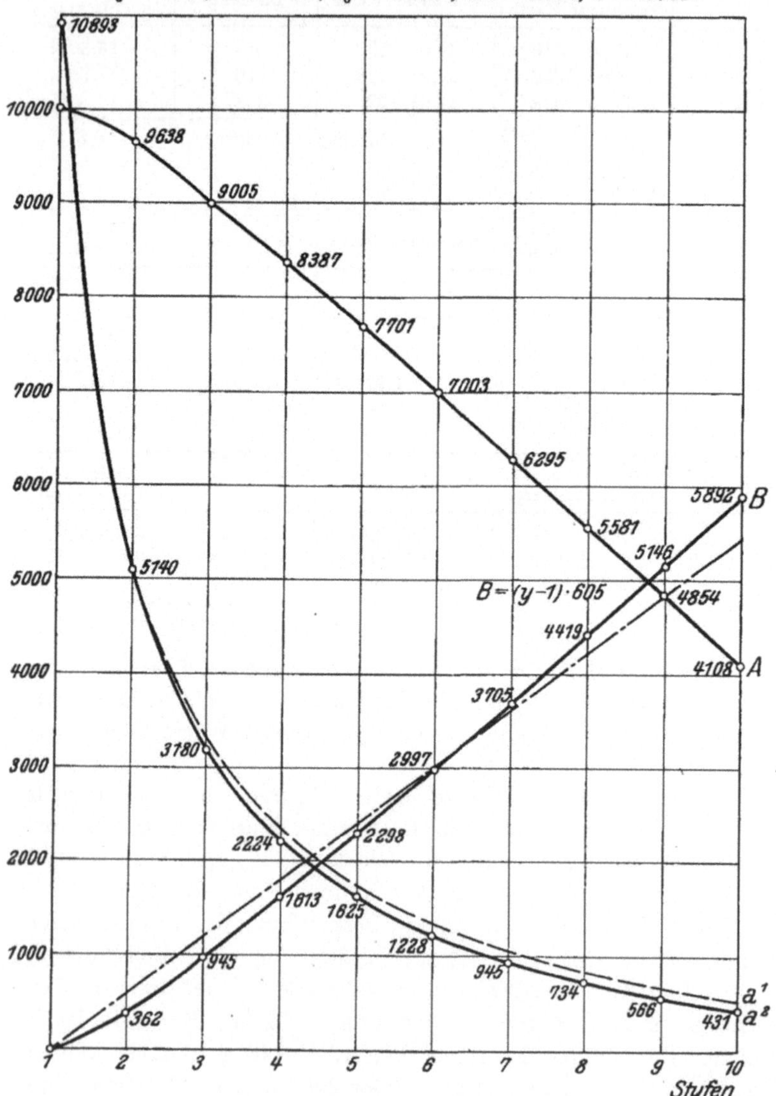

Fig. 13.

4 Stufen mit Condensatabdunstung.

$t_0 = 130^0$, $t\,x = 65^0$, $l_0 = 52\,000$, $l\,x = 42\,000$, $s = 6760$.

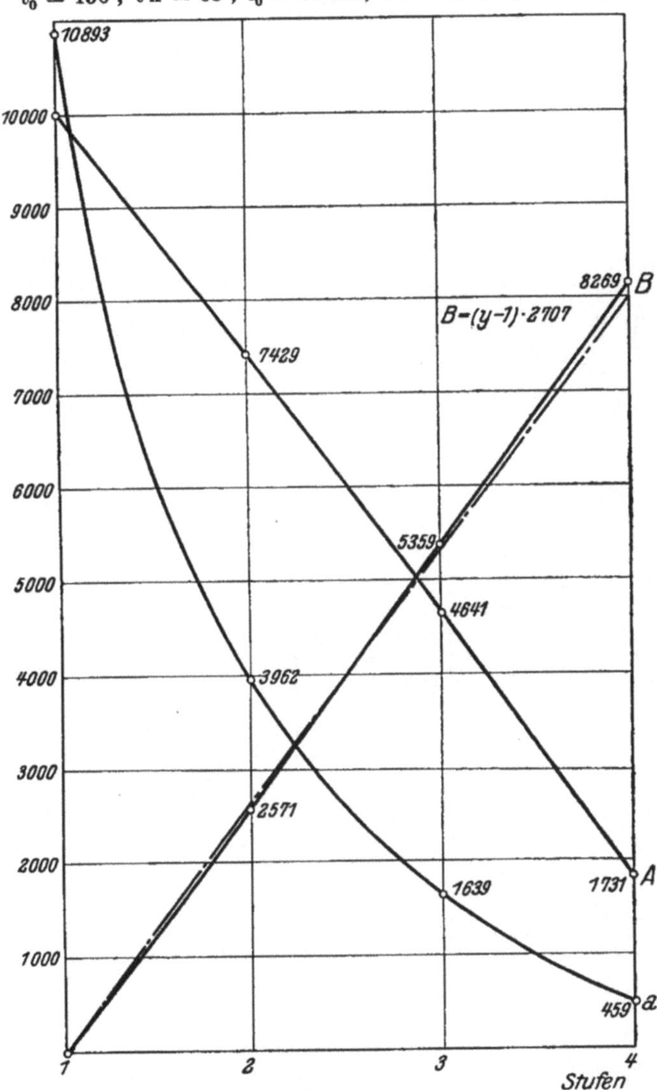

Fig· 14.

10 Stufen. $t_0 = 130^0$, $t\,x = 65^0$.
$l_0 = 12500$, $l\,x = 2500$, $s = 1625$.

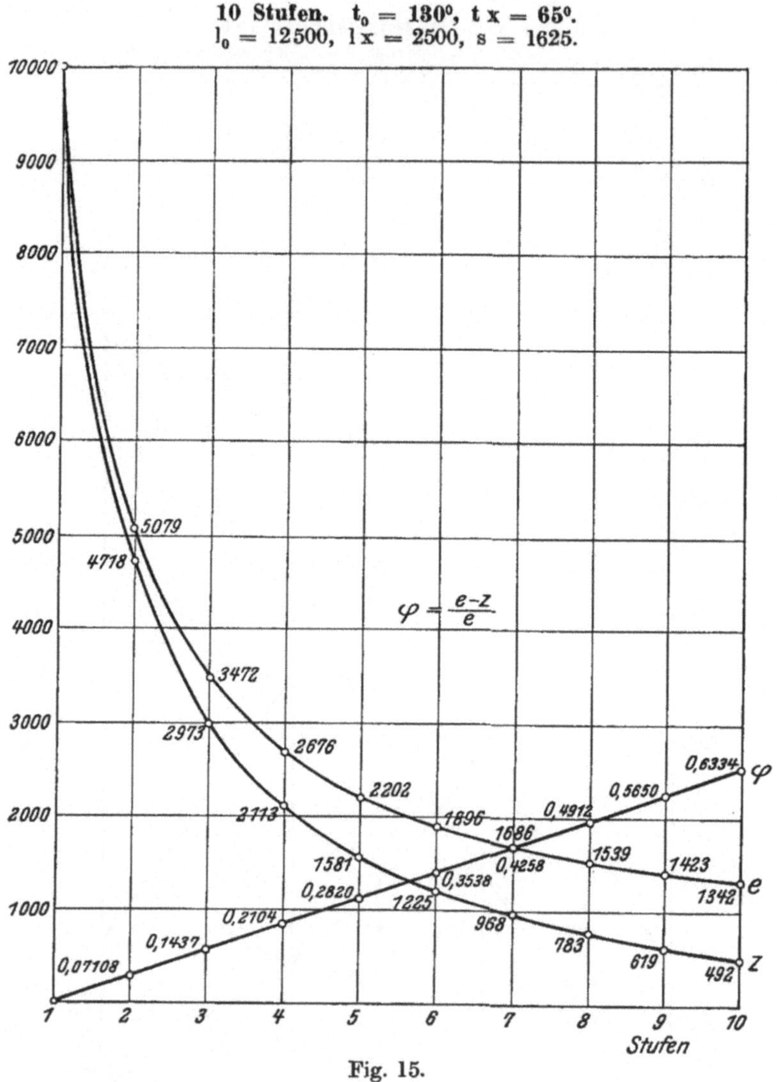

Fig. 15.

Zumal im Falle der Fig. 14 ist der Unterschied gering. Diese Erscheinung erklärt sich aus dem erheblichen Überwiegen der gesamten Lösungsmenge über das verdampfte Lösungswasser, aus welchem das Kondensat gebildet wird.

4 Stufen. $t_0 = 130^0$, $t\,x = 100^0$.
$l_0 = 12500$, $l\,x = 2500$, $s = 1625$.

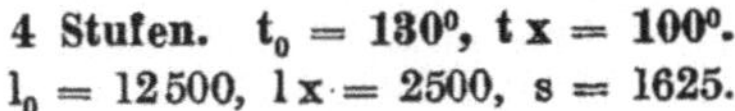

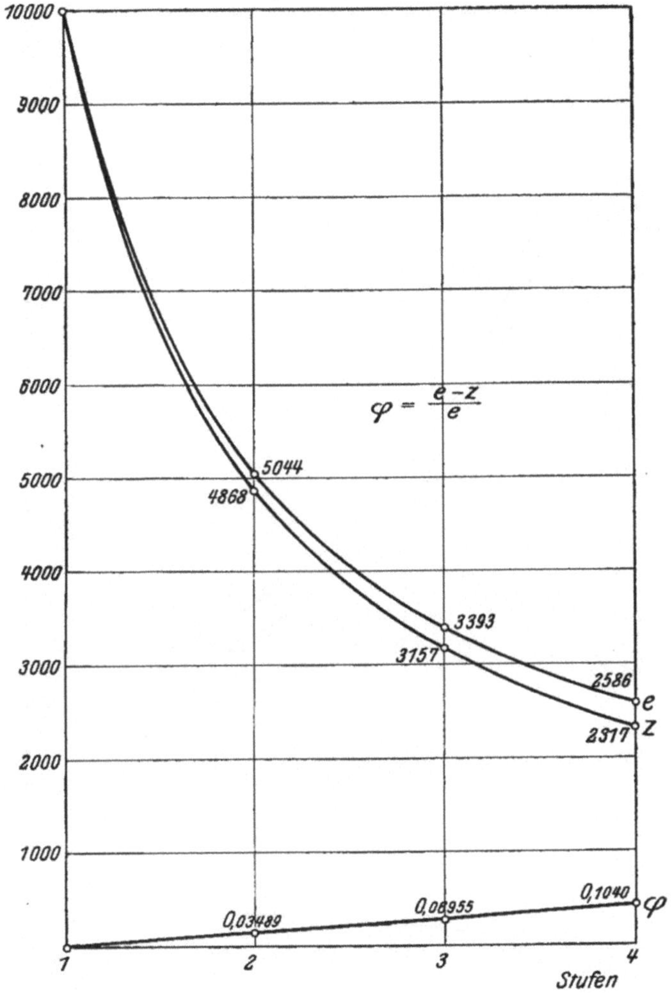

Fig. 16.

Eine Aufzeichnung der Faktoren F_B ergibt in ähnlicher Weise wie bei Fig. 12 die Faustformel

$$B = 7{,}5\,(y - 1)\,D \cdot N.$$

4 Stufen. $t_0 = 130^0$, $t\,x = 85^0$.
$l_0 = 12500$, $l\,x = 2500$, $s = 1625$.

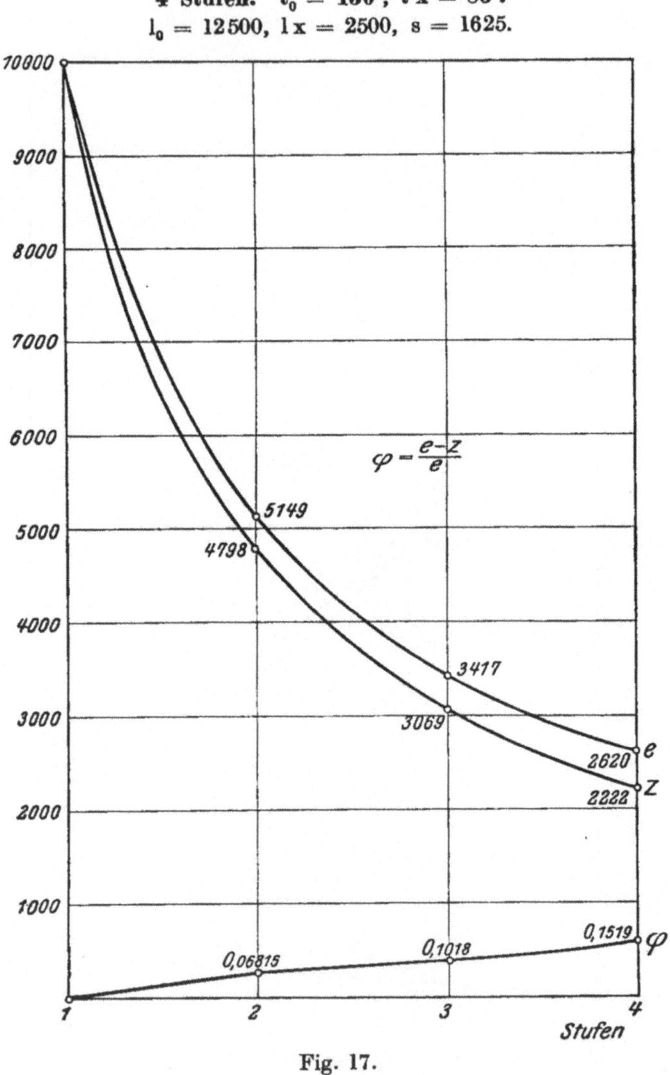

Fig. 17.

Die Kondensatabdunstung gibt also rund 25 % höhere Werte für die innere Verdampfung als die Verdampfung ohne Kondensatabdunstung.

4 Stufen. $t_0 = 110^\circ$, $t\,x = 65^\circ$.
$l_0 = 12500$, $l\,x = 2500$, $s = 1625$.

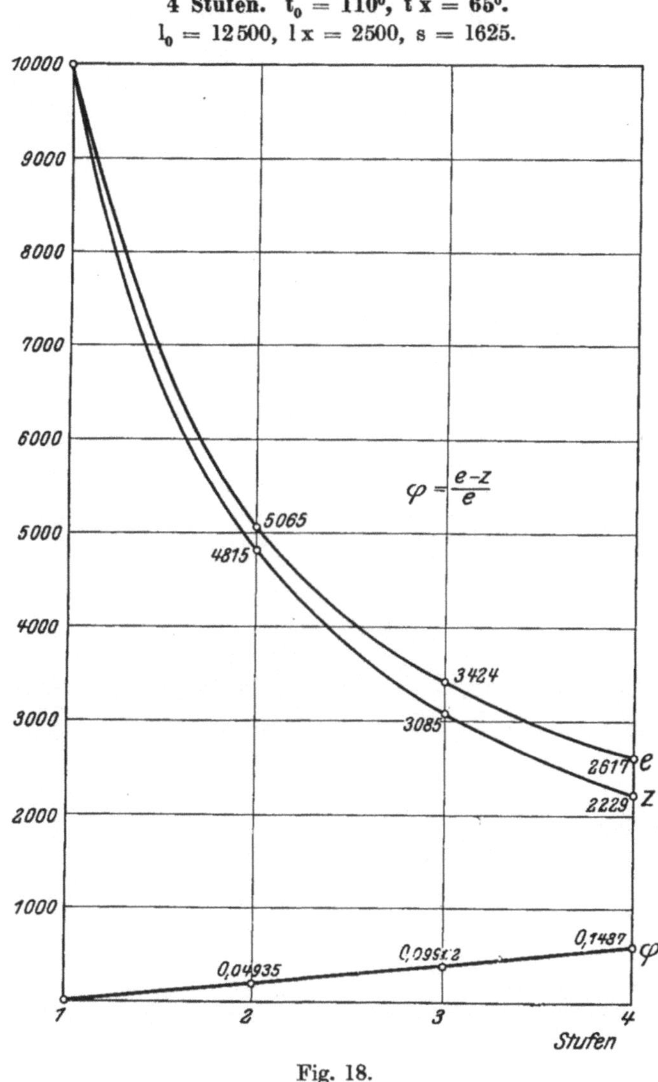

Fig. 18.

Zu Fig. 15—21. In Fig. 15—21 sind dann auf Grund der verschiedenen bislang dargestellten a-Kurven die zugehörigen e- und z-Kurven aufgezeichnet. e ist berechnet aus Gleichung 6), Abschnitt g

4 Stufen. $t_0 = 130°$, $t\,x = 100°$.
$l_0 = 28571{,}4$ $l\,x = 18571{,}4$, $s = 3714$.

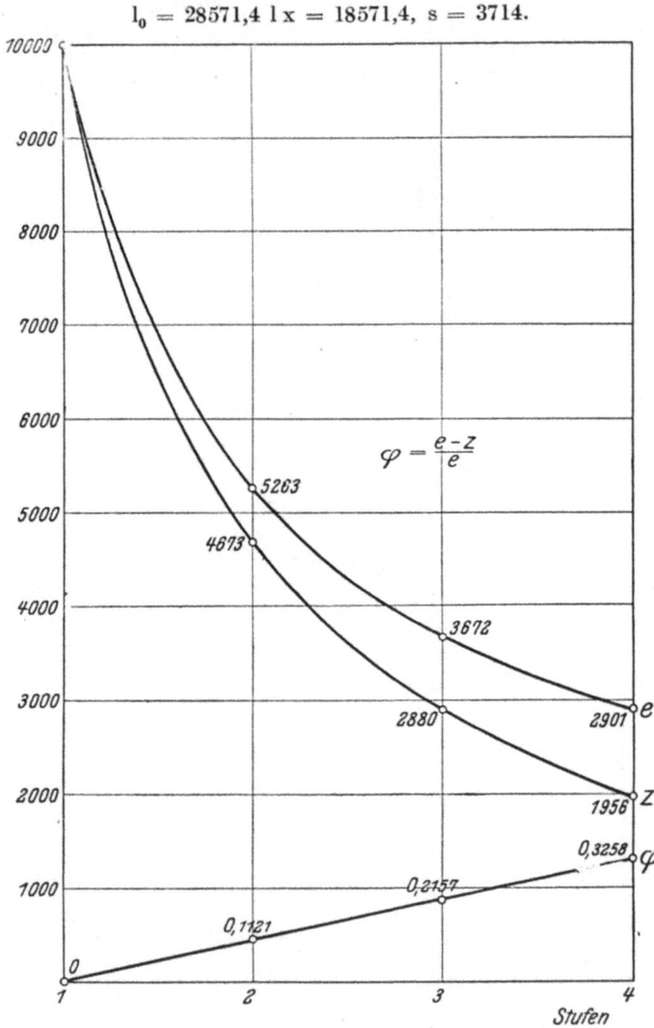

Fig. 19.

dieses Kapitels, z aus Gleichung 4) desselben Abschnitts. Maßgebend für den Vergleich der verschiedenen Kurven ist das Verhältnis von e zu z, das angibt, wieviel größer die Menge des

4 Stufen. $t_0 = 110^0$, $t\,x = 65^0$.
$l_0 = 14444{,}4$, $l\,x = 4444{,}4$, $s = 2888{,}9$.

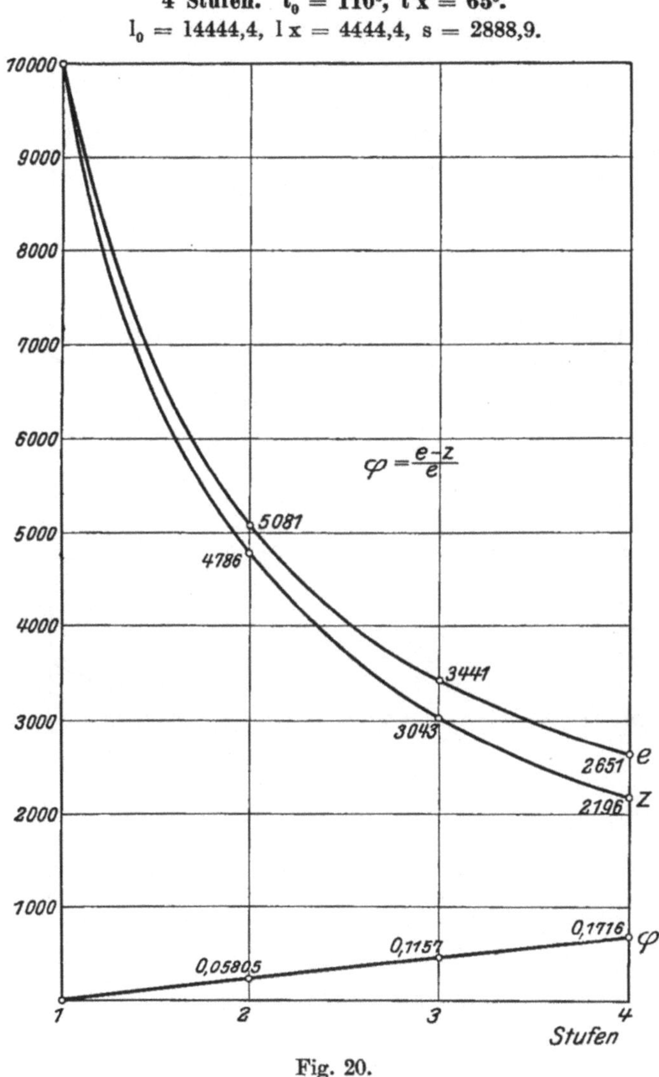

Fig. 20.

Endbrüdens ist als das aus dem eingeleiteten a zu erwartende z. Die Größe e/z ist direkt proportional der inneren Verdampfung B und ändert sich gleich dieser mit wechselnder Lösungsmenge

4 Stufen. $t_0 = 130^0$, $t\,x = 65^0$.
$l_0 = 52000$, $l\,x = 42000$, $s = 6760$.

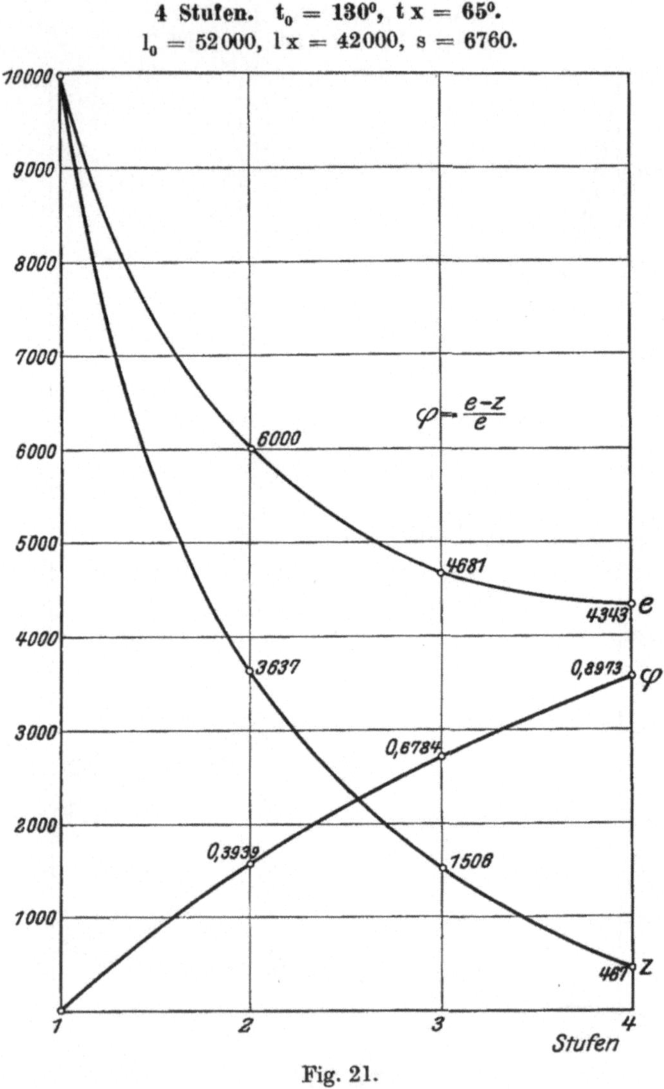

Fig. 21.

und wechselndem Temperatursprunge. Aus praktischen Gründen ist jedoch in den genannten Figuren nicht eine Charakteristik der Kurven nach dem Verhältnis e/z vorgenommen worden, sondern nach dem Ausdrucke

$$\varphi = \frac{e - z}{e} = 1 - \frac{z}{e}.$$

Diese φ—Linie ist in jeder Fig. mit eingezeichnet. Im übrigen ist alles Nötige aus den Figuren zu ersehen, wobei zu bemerken ist, daß die 7-Figuren 15—21 der Reihe nach den 7-Figuren 4—7 und 9—11 entsprechen.

Betrachtung der φ-Linien.

Die gefundenen Werte für φ gestatten wiederum ähnlich wie bei den B-Linien, eine Übersicht über die Einflußgrößen der 3 Faktoren N, D, und t_m, die bei der Gestaltung der φ-Linien ebenso eine Rolle spielen wie bei den B-Linien.

Die Näherungsgleichung für φ hat ähnlich wie für B die Form

5) $$\varphi = (y - 1) F_e,$$

worin F_e für die verschiedenen Fälle durch verschiedene Zahlen ausgedrückt wird. Es ist nacheinander

I.	für	$N = 1,25$	$D = 65$	$t_m = 97,5^0$	$F_e = 0,071$
II.	,,	$N = 1,25$	$D = 30$	$t_m = 115^0$	$F_e = 0,034$
III.	,,	$N = 1,25$	$D = 45$	$t_u = 107,5^0$	$F_e = 0,051$
IV.	,,	$N = 1,25$	$D = 45$	$t_m = 87,5^0$	$F_e = 0,050$
V.	,,	$N = 2,857$	$D = 30$	$t_m = 115^0$	$F_e = 0,108$
VI.	,,	$N = 1,444$	$D = 45$	$t_m = 87,5^0$	$F_e = 0,058$
VII.	,,	$N = 5,2$	$D = 65$	$t_m = 97,5^0$	$F_e = 0,344$

Der Einfluß von t_m ist nach Fall 3 und 4 auch hier wieder auszuschalten, so daß auch F_e als gleichzeitige Funktion der beiden Veränderlichen N und D dargestellt werden kann.

F_e ist in Fig. 22 ebenso wie F_B in Fig. 12 in einem räumlichen Diagramme über N und D als Abszisse aufgetragen.

Es ist wieder zu berücksichtigen, daß sowohl für $N = 0$ als für $D = 0$ $e = z$ wird und φ demgemäß gleich 0, mithin auch F_e. Durch Verbindung der zusammengehörigen Punkte entsteht wieder wie bei B ein Netzwerk von Geraden verschiedener Neigung, die zusammen eine windschiefe Fläche bilden.

Die Gleichung dieser windschiefen Fläche läßt sich annähernd ausdrücken durch die Gleichung

6) $$F_e = \frac{9}{10\,000} \cdot D \cdot N.$$

Auch diese Gleichung läßt sich mit einigermaßen genügender Genauigkeit verwenden.

Gleichung 5) bekommt unter Einsetzung von Gleichung 6) demnach die Form

$$7) \qquad \varphi = (y - 1) \frac{9}{10\,000} \cdot D \cdot N .$$

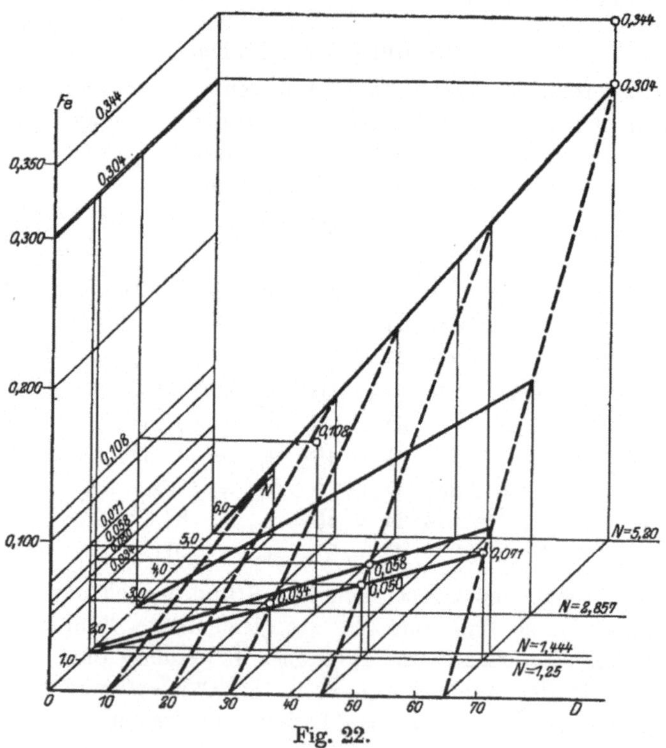

Fig. 22.

Da aber andererseits

$$8) \qquad \varphi = 1 - \frac{z}{e}$$

war, so wird

$$9) \qquad 1 - \frac{z}{e} = \frac{9}{10\,000} (y - 1)\, D \cdot N$$

und

$$10)\qquad e = \frac{z}{1 - \frac{9}{10\,000}(y-1)\,D\cdot N}.$$

Setzt man in diese Gleichung noch den Wert

$$11)\qquad z = \frac{a\cdot r_0}{r_x}$$

ein, so wird endlich

$$12)\qquad e = \frac{a\cdot r_0}{r_x\,(1 - 0{,}0009\,(y-1)\,D\cdot N)}$$

und hieraus

$$13)\qquad a = \frac{e\cdot r_x\,(1 - 0{,}0009\,(y-1)\,D\cdot N)}{r_0}.$$

III. Die gemischte Verdampfung.

Eine reine mehrstufige Verdampfung kommt in Zuckerfabriken kaum vor, höchstens kann man einzelne Vorgänge in der Verdampfstation als reine Verdampfung betrachten.

Die übliche Anordnung ist eine gemischte mehrstufige Verdampfung. Hierbei ist gemäß schon gegebener Erklärung unter einer gemischten Verdampfung eine solche zu verstehen, die nicht nur zu Verdampfungszwecken dient, sondern auch noch Brüden an andere Verwendungsstellen, zu Vorwärmezwecken usw. abgibt. Es liegt im Wesen einer gemischten Verdampfung begründet, daß sie nur mehrstufig sein kann.

In Rohzuckerfabriken kommen als Stationen, die Brüden aus der Verdampfung entnehmen, in erster Linie in Betracht:

1. die Diffusion,
2. die Vorwärmung,
3. die Verkochstation.

Als Abgeber von Abdampf zu Heizzwecken in der Verdampfstation sind außerdem noch

4. die Dampfmaschinen

zu berücksichtigen.

Ehe es möglich ist, das Verhältnis dieser 4 Stationen zur Verdampfung und ihre Einwirkung auf die Wärmewirtschaft in dieser zu untersuchen, ist es nötig, den theoretischen Wärmeverbrauch der genannten Stationen selber kennen zu lernen und die Bedingungen festzustellen, unter denen dieser Wärmeverbrauch stattfindet.

Das soll im folgenden zunächst geschehen und dann die gemischte Verdampfung in Verbindung mit Diffusion, Vorwärmung, Verkochstation und Dampfmaschinen als organisches Ganzes betrachtet werden.

IV. Die Diffusion.

Der Wärmeverbrauch der Diffusion setzt sich zusammen aus den Wärmeverlusten durch Oberflächenabkühlung und der Differenz zwischen der mit Druckwasser und frischen Rübenschnitzeln eingeführten Wärmemenge und der mit Diffusionssaft, ausgelaugten Schnitzeln und Diffusionswasser ausgeführten Wärmemenge. Da Wärmeverluste durch Oberflächenabkühlung theoretisch durch vollkommene Isolierung auf Null gebracht werden können, so fallen sie aus dem Rahmen dieser Betrachtung heraus, können also vernachlässigt werden. Es bleibt also nur noch die zweite Art des Wärmeverbrauchs übrig.

In der Zeiteinheit mögen in die Diffusion eingeführt werden:

W kg Druckwasser,

und

R kg frische Rübenschnitzel,

ausgeführt dagegen:

S kg Saft
D kg Diffusionswasser
A kg Ausgelaugte Schnitzel.

Das Druckwasser habe einen spezifischen Wärmegehalt c_w und eine Temperatur t_w, die frischen Rübenschnitzel c_r und t_r, der Saft c_s und t_s, das Diffusionswasser c_d und t_d, und schließlich die ausgelaugten Schnitzel c_a und t_a.

Dann wird an Wärme eingeführt:

1) $$W \cdot c_w \cdot t_w + R\, c_r \cdot t_r$$

und ausgeführt

2) $$S \cdot c_s \cdot t_s + D \cdot c_d \cdot t_d + A\, c_a \cdot t_a$$

Der Wärmeverbrauch V stellt sich also auf

3) $$V = (S \cdot c_s \cdot t_s + D \cdot c_d \cdot t_d + A \cdot c_a \cdot t_a) - (W \,.\, c_w \cdot t_w + R \cdot c_r \cdot t_r)$$

Rein substantiell gilt aber, da die Gewichte der ein- und ausgeführten Substanzen einander gleich sein müssen,

4) $$W + R = S + D + A,$$

mithin

5) $$S = W + R - (D + A).$$

Gleichung 5) in Gleichung 3) eingesetzt, ergibt die Beziehung

6) $$V = W\, c_s\, t_s + R\, c_s \cdot t_s - (D + A) \cdot c_s \cdot t_s + D \cdot c_d \cdot t_d + A \cdot c_a \cdot t_a - (W \cdot c_w \cdot t_w + R \cdot c_r \cdot t_r)$$

Da man ferner, vorausgesetzt, daß für Drücken und Einmaischen Druckwasser der gleichen Temperatur verwendet wird, mit für die Praxis annähernd gültiger Berechtigung setzen kann:

7) $$c_a = c_d = c_w$$

und

8) $$t_a = t_d = t_w,$$

so vereinfacht sich Gleichung 6) auf den Ausdruck

9) $$V = W\; (c_s \cdot t_s - c_w \cdot t_w) + R\; (c_s \cdot t_s - c_r \cdot t_r) + (D + A) \cdot (c_w \cdot t_w - c_s \cdot t_s)$$

Man kann ferner in Annäherung an praktische Verhältnisse setzen

10) $$D + A = 2\, R$$

und

11) $$c_r = c_s = 0{,}9,$$

sowie

12) $$c_w = 1.$$

Dann ergibt sich aus Gleichung 9)

13) $$V = W\,(0{,}9\, t_s - t_w) + R\,(0{,}9\, t_s - 0{,}9\, t_r + 2\, t_w - 1{,}8\, t_s)$$

oder

14) $$V = W\; (0{,}9\, t_s - t_w) + R\; (2\, t_w - 0{,}9\, t_s - 0{,}9\, t_r)$$

Um diesen Ausdruck einfacher zu gestalten, gilt es noch eine einfache Beziehung zwischen W und R zu finden. Dieser Ausdruck ergibt sich aus Gleichung 4)

$$W + R = S + D + A.$$

Setzt man nämlich hierin wieder aus Gleichung 10)

$$D + A = 2\,R$$

und

15) $$S = p \cdot R,$$

worin p den Prozentsatz des Saftabzuges auf Rüben berechnet und durch 100 geteilt angibt, also mit andern Worten das Verhältnis $\frac{S}{R}$ zahlenmäßig ausdrückt, so ergibt sich aus Gleichung 4)

16) $$W + R = p \cdot R + 2 \cdot R$$

oder

17) $$W = R\,(1 + p).$$

Bei Einsetzung dieses Wertes in Gleichung 14) erhält man dann

18) $$V = R\,(1 + p)\,(0{,}9\,t_s - t_w) + R\,(2\,t_w - 0{,}9\,t_s - 0{,}9\,t_r)$$

und

19) $$V = R\,(t_w - 0{,}9\,t_r + p \cdot 0{,}9\,t_s - p \cdot t_w)$$

20) $$V = R\,[0{,}9\,(p \cdot t_s - t_r) - t_w\,(p - 1)].$$

Aus der Struktur der Gleichung geht hervor, daß der Wärmeverbrauch der Diffusion wächst mit der Temperatur des abgezogenen Saftes und mit der Höhe des Saftabzuges, daß er dagegen abnimmt mit wachsender Temperatur der eingeführten frischen Rübenschnitzel und des Druckwassers.

Für die Zwecke der vorliegenden Abhandlung interessieren besonders die Bedingungen, unter denen der Wärmeverbrauch der Diffusion gleich Null wird. Diese Bedingungen sollen im folgenden untersucht werden.

Nach Gleichung 20) wird $V = 0$, wenn der Klammerausdruck auf der rechten Seite gleich Null ist. Das ist der Fall, wenn die Beziehung gilt

21) $$0{,}9\,(p \cdot t_s - t_r) = t_w \cdot (p - 1).$$

In dieser Gleichung ist die unbekannte und veränderliche Größe t_r im allgemeinen wenig von dem Willen des Zuckerfabrikanten abhängig, sie ist vielmehr in erster Linie eine Folge der zur Zeit der Rübenverarbeitung herrschenden Außentemperatur. Die drei übrigen Veränderlichen, der Saftabzug, die Safttemperatur und die Druckwassertemperatur, sind dagegen je nach den vorhandenen oder vorzusehenden Einrichtungen mehr oder weniger nach Belieben zu beeinflussen.

Um die wechselnden Beziehungen zwischen diesen drei Größen klarzulegen, ist dann zweckmäßig der Weg einzuschlagen, daß man immer eine der Veränderlichen für einen bestimmten Fall als konstant annimmt und die Beziehungen der beiden andern zueinander feststellt, dann die Größe der Konstanten für einen andern Fall ändert, hier wieder das Verhältnis der beiden andern untersucht und so fort. Das geschieht am besten wieder graphisch. Man erhält dann für jede Größe der gewählten Konstanten eine andere Kurve und gewinnt aus einer Zahl von Kurven den gewünschten Einblick. Als wechselnde Konstante ist hier p angenommen, t_s ist als Abszisse eingetragen und t_w als Ordinate.

Ehe zur Konstruktion der Kurven geschritten wird, muß hier noch auf einige Eigentümlichkeiten der Gleichung 21) hingewiesen werden.

Zunächst wird in der Praxis t_s immer größer sein als t_r. p kann theoretisch kleiner sein als 1, kann gleich 1 sein und ist in der Praxis meistenteils größer als 1.

Wird $p = 1$, so ergibt sich für diesen Fall als Gleichung 21)

22) $$t_w = 0{,}9 \frac{(t_s - t_r)}{0}.$$

t_w kann also jede beliebige Größe annehmen, ohne daß an der Tatsache etwas geändert wird, daß die Diffusion in diesem Falle keine Wärme verbraucht. Es ist nur erforderlich, daß $t_s = t_r$ wird. Die Bestätigung für diesen Umstand findet man aus Gleichung 10) und 17).

Nach Gleichung 17 wird für $p = 1$

$$W = 2\,R,$$

nach Gleichung 10

$$D + A = 2\,R.$$

aus beiden Gleichungen folgt

23) $$W = D + A \text{ für } p = 1.$$

Gleichung 23 sagt mit andern Worten, daß das Druckwasser nur zum Austausch mit dem Diffusionswasser und den ausgelaugten Schnitzeln dient, daß es in die eigentliche Diffusion demnach gar nicht eindringt, mithin keinen Einfluß auf die Wärmeökonomie derselben ausüben kann. Es ist daher gänzlich gleichgültig, bei welcher Temperatur dieser Austausch der Materialien im letzten Gefäß stattfindet.

Wird p kleiner als 1, so erhält man aus Gleichung 21)

24) $$t_w = -0{,}9 \frac{(p \cdot t_s - t_r)}{(1 - p)}$$

Die aus dieser Gleichung zu berechnenden Werte für t_w sind nur solange positiv, als pt_s kleiner ist als t_r. Würde pt_s größer werden als t_r, so würde man negative Werte erhalten. Dies würde bedeuten, daß das Druckwasser so niedrig temperiert sein muß, daß es in der Lage ist, Diffusionswasser und ausgelaugte Schnitzel bis auf ein gewisses Maß abzukühlen, das nötig ist um $V = 0$ werden zu lassen. Es findet ein Rückströmen der Wärmemengen nach dem letzten Gefäße statt. t_w müßte notgedrungen niedriger sein als t_a und t_d. Diese Bedingung steht aber mit unsern Voraussetzungen im Widerspruch, die Gleichung 24 ist nicht mehr brauchbar.

In den Figuren 23 bis 25 sind die nach Gleichung 21) berechneten t_w-Kurven für verschiedene Größen von p, wechselnd zwischen 1,05 und 1,30, aufgezeichnet. Die Kurven stellen sich dar als Strahlenbündel, deren Spitzen in dem Punkte liegen, der durch die Bedingung $t_s = t_r$ erhalten wird.

In Fig. 23 ist zunächst das Strahlenbündel für $t_r = 10^0$ gezeichnet, in Fig. 24 sind Teile des Bündels für $t_r = 0^0$ und $t_r = 20^0$ wiederholt.

Aus einem Vergleich ergibt sich, daß die drei Bündel miteinander völlig kongruent sind und sich nur durch verschiedene Lage unterscheiden, die durch die Größe von t_r bestimmt wird. Wie Fig. 25 zeigt, gibt es für jedes t_r ein besonderes Strahlenbündel, deren Spitzen alle auf einer Linie liegen, die durch die Gleichungen bestimmt wird:

25) $$t_s = t_r$$

und

26) $$t_w = c_r \cdot t_r = c_r \cdot t_s.$$

Im einzelnen betrachtet, werden die t_w-Linien weniger steil, je größer p ist, man braucht also, um den Wärmeverbrauch der

$t_r = 10^0$.

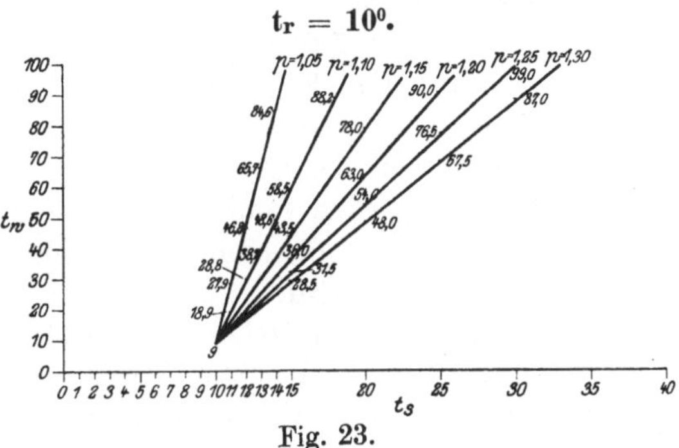

Fig. 23.

$t_r = 0^0$ und $t_r = 20^0$.

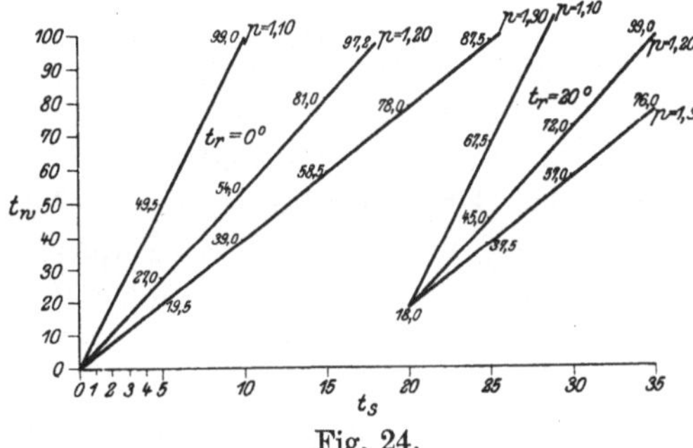

Fig. 24.

Anfangspunkte der Strahlenbündel für wechselndes t_r.

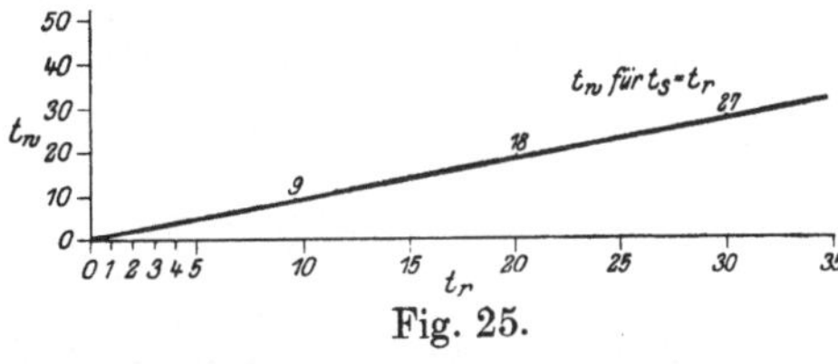

Fig. 25.

Diffusion auf Null zu bringen, um soviel weniger Temperatur des Druckwassers, je größer der Saftabzug ist. Bei gleicher Safttemperatur braucht man ferner zu gleichem Zwecke ebenfalls um soviel weniger Druckwassertemperatur, je wärmer die frischen Schnitzel sind.

Auf praktische Verhältnisse bezogen, ergibt sich, daß es über 25° Safttemperatur schwer ist, den Wärmeverbrauch der Diffusion auf Null zu bringen, da man dann schon sehr hohe Druckwassertemperaturen braucht, die sich kaum immer anwenden lassen. Es müßte denn schon die Schnitzeltemperatur t_r nahe an 20° liegen, was nur äußerst selten der Fall sein kann. Bei $t_s = 20^0$ und $t_r = 10^0$ braucht man z. B. schon $t_w = 63^0$ für $p = 1{,}20$. Allein vom wärmeökonomischen Standpunkt aus gesehen, ist es also empfehlenswert, den Saft mit möglichst niedriger Temperatur abzuziehen und die nötige Anwärmung durch die Verdampfstation in ökonomischer Weise geschehen zu lassen, wie später gezeigt wird.

Auf jeden Fall geht aus den bisherigen Ausführungen hervor, daß man sehr wohl bei geeigneter Temperaturwahl und Einrichtung in der Lage ist, einen Wärmeverbrauch der Diffusion zu vermeiden. Der Diffussion kann also in dieser Untersuchung ein theoretisch notwendiger Wärmeverbrauch nicht zugesprochen werden.

Soweit ein Wärmeverbrauch in der Diffusion dadurch stattfindet, daß der Saft wärmer abgezogen wird, als es den Bedingungen der Wärmebedarfslosigkeit entspricht, gehört dieser Wärmeverbrauch in das Gebiet der Vorwärmung. Auf ihn findet also alles das Anwendung, was im folgenden Kapitel über diesen Gegenstand gesagt wird. Um demnach im folgenden die ganze Größe des Wärmeverbrauchs für Vorwärmung zu treffen, wird es nötig sein, festzulegen, daß die Temperatur t_s des unangewärmten Saftes in solcher Höhenlage zu denken ist, daß ein Wärmeverbrauch in der Diffusion vermieden wird. Der theoretische Gesamtwärmeverbrauch für Vorwärmung bleibt dann gleich groß, einerlei ob er teilweise in der Diffusion stattfindet und teilweise in der Vorwärmestation, oder allein in der Vorwärmestation.

Aus den Ausführungen im folgenden Kapitel wird nur das eine hervorgehen, daß es unzweckmäßig ist, den Saft aus der Diffusion wärmer abzugeben, als die Temperatur des letzten Verdampfkörpers beträgt, da man sich anders der Möglichkeit beraubt, die größtmögliche Höhe des Wärmeaustausches zu erreichen.

V. Die Vorwärmung.

Die Vorwärmung fällt, wie schon in der „Allgemeinen Betrachtung" auseinandergesetzt wurde, in das Gebiet der „ideell unvermeidlichen Wärmeverluste". Denn das gesamte Saftquantum muß zum Zwecke der Verdampfung und Verkochung auf eine höhere Temperatur, die Anfangstemperatur der Verdampfung, gebracht werden. Diese Temperatur geht aber notgedrungen bei fortschreitender Fabrikation wieder verloren. Die hierbei auftretenden Wärmeverluste lassen sich zwar, wie schon an der gleichen Stelle gesagt wurde, durch Wärmeaustausch teilweise wieder beseitigen, von vornherein gänzlich verhindert werden können sie dagegen nicht.

Die Vorwärmung ist also die eigentliche, unvermeidliche und hauptsächliche Quelle des Wärmeverbrauchs einer Rohzuckerfabrik.

Es soll im folgenden untersucht werden, wie groß dieser Wärmeverbrauch, theoretisch betrachtet, an sich ist, und wieweit er sich, ebenfalls wieder theoretisch betrachtet, durch Wärmeaustausch beseitigen läßt.

Die zur Verdampfung gelangende Saftmenge werde, wie in Kapitel II, mit l_0 bezeichnet, ihr Wärmegehalt mit u_0 und ihr Trockensubstanzgehalt mit s. Ist die Verdampfungstemperatur der ersten Stufe der Verdampfstation wieder t_1, die zugehörige Flüssigkeitswärme q_1 und der Wärmegehalt der Trockensubstanz w_1, so beträgt die der Verdampfstation mit l_0 zugeführte Wärmemenge

1) $$l_0 u_0 = (l_0 - s)\, q_1 + s\, w_1.$$

Vor der Vorwärmung hat der aus der Diffusion hervorgehende Saft nur eine Temperatur t_s, die um Wärmeverbrauch in der Diffusion zu vermeiden, möglichst gleich t_r, der Temperatur der frischen Schnitzel, also der Außentemperatur, sein muß. Zu t_s gehört wieder die Flüssigkeitswärme q_s und der Wärmegehalt der Trockensubstanz w_s.

Zur Vorwärmung gelangt also eine Wärmemenge

2) $$l_s \cdot u_s = (l_s - s_s)\, q_s + s_s \cdot w_s.$$

Im allgemeinen kann man setzen $l_0 = l_s$ und $s = s_s$, so daß Gleichung 2 die Form erhält

3) $$l_0\, u_s = (l_0 - s)\, q_s + s \cdot w_s.$$

Der Wärmeverbrauch der Vorwärmestation ergibt sich nun aus dem Unterschiede zwischen aus- und eingeführter Wärmemenge, er ist

4) $V = l_0 u_0 - l_0 u_s = (l_0 - s)(q_1 - q_s) + s(w_1 - w_s).$

Setzt man wieder entsprechend Gleichung 15 des vorigen Kapitels

5) $$l_0 = p \cdot R,$$

wobei R die in der Zeiteinheit verarbeitete Rübenmenge, p den Prozentsatz des Saftabzuges auf Rüben berechnet und durch 100 geteilt bezeichnet, so entsteht aus Gleichung 4) der Ausdruck

6) $$V = (p \cdot R - s)(q_1 - q_s) + s(w_1 - w_s).$$

q_1 und q_s, w_1 und w_s sind ferner eine Funktion der Temperaturen t_1 und t_s, und zwar kann man annehmen, daß $q_1 = t_1$, $q_s = t_s$, ferner $w_1 = Ft_1$ und $w_s = Ft_s$ ist, wobei F ein Faktor ist, der je nach Beschaffenheit der Trockensubstanz verschiedene Werte hat. Setzt man ferner noch für $t_1 - t_s$ die Bezeichnung D_t = Temperaturdifferenz, so erhält man statt Gleichung 6

7) $$V = D_t (p \cdot R - s + Fs)$$

oder

8) $$V = D_t [pR - s(1 - F)].$$

Gleichung 8) sagt in Worten, daß der Wärmeverbrauch für die Vorwärmung wächst:

1. mit der Temperaturdifferenz zwischen Anfangstemperatur der Verdampfung und Außentemperatur;
2. mit der Höhe des Abzuges;

daß er dagegen abnimmt:

1. mit der im Safte enthaltenen Trockensubstanz, vorausgesetzt, daß deren spezifischer Wärmegehalt kleiner als 1 ist.

Der Klammerausdruck in Gleichung 8, der mit F_v bezeichnet werden möge, nimmt für $R = 1$ und wechselndes p und s verschiedene Größen an. In Figur 26 sind die Größen von F_v für s von 0,13 bis 0,19 und p von 1,0 bis 1,3 aufgezeichnet, wobei angenommen ist, daß F den gleichbleibenden Wert 0,3 hat. s ist als Abszisse eingetragen und F_v als Ordinate dazu; für jedes p ergibt sich dann eine Grade, die mit steigendem s abfällt, die verschiedenen Graden zeigen alle denselben Abfall, liegen mit wechselndem p nur in verschiedener Höhenlage.

Aus der durch Einführung von F_v auf die Beziehung

$$V = D_t \cdot F_v \tag{9}$$

vereinfachten Gleichung 8) läßt sich nun für jedes D_t, p und s der entsprechende theoretische Wärmeverbrauch feststellen.

Die Anfangstemperatur der Vorwärmung t_s wird gewöhnlich entsprechend der Außentemperatur zwischen 0° und 20° schwanken, die Endtemperatur je nach Einrichtung der Verdampfstation zwischen 100° und 130°. D_t kann also Größen haben, die zwischen 80° und 130° liegen.

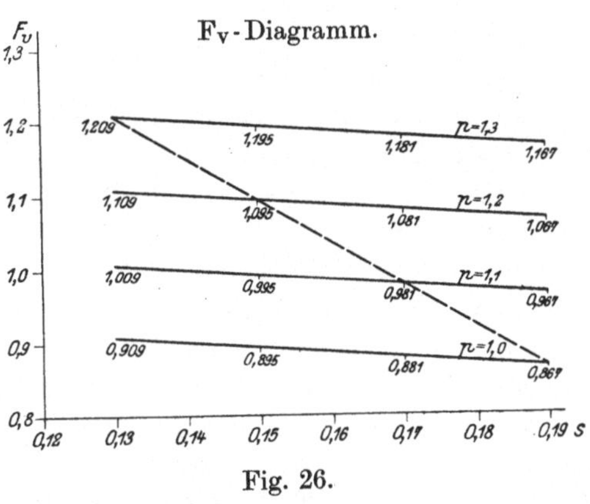

Fig. 26.

Der theoretische Wärmeverbrauch für die Vorwärmung bei der Verarbeitung eines Kilogramms Rüben schwankt demnach in praktischen Verhältnissen zwischen

$$V_{min} = 80 \cdot 0{,}867 = \mathbf{69{,}36\ cal}$$
$$\text{für } D_t = 80^0, \quad p = 1{,}0, \quad s = 0{,}19$$

und

$$V_{max} = 130 \cdot 1{,}209 = \mathbf{157{,}17\ cal}$$
$$\text{für } D_t = 130^0, \quad p = 1{,}3, \quad s = 0{,}13.$$

Auf 100 kg Rübenverarbeitung sind das

$$\left.\begin{array}{rl} & V_{min} \cdot 100 = \mathbf{6\,936\ cal} \\ \text{und} & V_{max} \cdot 100 = \mathbf{15\,717\ cal} \end{array}\right\} \text{ und im Mittel etwa } \mathbf{11300\ cal.}$$

Rechnet man, daß im Kesselhaus 1 kg Kohle von 7000 cal Heizwert mit einem Wirkungsgrade von 0,7 ausgenutzt wird, so werden für

$V_{min} \cdot 100$ etwa **1,4 kg** Kohlen gebraucht
für $V_{max} \cdot 100$ etwa **3,2 kg** Kohlen
und im Mittel etwa **2,3 kg** Kohlen.

Der Maximalverbrauch ist also je nach Zweckmäßigkeit der Fabrikeinrichtung und Handhabung der Fabrikation sowie schließlich je nach der Außentemperatur mehr als doppelt so groß wie der Minimalverbrauch.

Es dürfte interessieren, an der Hand von einzelnen Beispielen die Einflüsse von p, s und t_s zu verfolgen. p und s, also die Höhe des Abzuges und die im Safte enthaltene Trockensubstanz, stehen in einem gewissen Abhängigkeitsverhältnis zueinander, gleichbleibendes Rübenmaterial vorausgesetzt. Mit größerem Abzuge wird die im Safte enthaltene Trockensubstanz sinken, mit geringerem Abzuge wird sie steigen. Man kann für die in Fig. 26 dargestellten Verhältnisse vielleicht annehmen, daß die eingezeichnete durchbrochene Grade der geometrische Ort für die zusammengehörigen p und s ist. Somit würde der Saft bei $p = 1{,}3$ 0,13 Trockensubstanz, auf Rüben $R = 1$ berechnet, haben, bei $p = 1{,}0$ dagegen 0,19. Will man nicht gleich extreme Fälle zugrunde legen, so wird eine Schwankung von F_v zwischen 1,095 und 0,981 für $p = 1{,}2$, $s = 0{,}15$ und $p = 1{,}1$, $s = 0{,}17$ je nach Güte der Schnitzel und der Diffusionsarbeit sowie nach Beschaffenheit des Rübenmaterials nichts Seltenes sein. Für eine gebräuchliche Temperaturdifferenz von $D_t = 110^0$ wird dann

$$V_{min} \cdot 100 = 10\,791 \text{ cal}$$

und

$$V_{max} \cdot 100 = 12\,045 \text{ cal.}$$

Der Unterschied zwischen $V_{min} \cdot 100$ und $V_{max} \cdot 100$ beträgt somit 1254 cal oder in Kohlen ausgedrückt für eine Kohle von 7000 cal, die zu 0,7 ausgenutzt wird, 0,25 kg Kohle auf 100 kg Rüben.

Der praktische Wärmebedarf ist natürlich höher. Diese Zahl zeigt, welcher Wert auf gute Schnitzel und gute Diffusionsarbeit zu legen ist

Gleichen, ebenfalls zu berücksichtigenden Einfluß üben die Unterschiede bei D_t aus. Diese werden einmal hervorgerufen durch schwankende Außentemperatur. — Setzt man diese Schwankungen zu 15^0 an, so ergeben sich bei $F_v = 1{,}095$ Unterschiede im Wärmeverbrauch von $15 \cdot 1{,}095 \cdot 100 = 1642{,}5$ cal, entsprechend einem wie oben berechneten Kohlenverbrauch von 0,33 kg auf 100 kg Rüben.

Frostsichere, guten Wärmeschutz bietende Rübenschuppen sind also nicht nur im Interesse einer guten Rübenaufbewahrung und angenehmen Rübenverarbeitung, sondern auch im wärmeökonomischen Interesse wünschenswert.

Ebenfalls als günstig für eine Herabsetzung von D_t ist die Verwendung von warmem Druckwasser in der Diffusion zu betrachten, das aus der Verdampfstation abfällt oder durch Anwärmung mittels Brüden aus der Verkochstation erhalten werden kann, und dessen Wärmewert sonst doch verloren ginge. Wie im vorigen Kapitel gezeigt wurde, bietet warmes Druckwasser die Möglichkeit, die Temperatur des abgezogenen Rohsaftes ohne Wärmeverbrauch in der Batterie zu erhöhen. Es ist dies allerdings schon eine Wärmegewinnung durch Austausch, nicht a priori.

Von gleicher Wichtigkeit ist eine möglichst niedrige Anfangstemperatur der Verdampfung. Die Vorteile, die hiermit herausgeholt werden können, laufen allerdings Gefahr, durch die Nachteile einer infolge des kleineren Temperaturgefälles herabgeminderten Stufenzahl wieder aufgehoben, wenn nicht gar übertroffen zu werden.

Nachdem der Wärmeverbrauch für die Vorwärmung an sich festgestellt worden ist, tritt die Frage auf, wieweit dieser Wärmeverbrauch durch Austausch aufgehoben werden kann. Wie kommt zunächst dieser Austausch zustande?

Bei Untersuchung der Verdampfstation ist nachgewiesen, daß infolge der inneren Verdampfung ein Teil der Wärme, die in der zu verdampfenden Flüssigkeit enthalten ist, in die Brüdendämpfe übergeht, die in der Verdampfstation entstehen. Verwendet man nun diese Verdampfungsbrüden zur Vorwärmung des in die Verdampfstation eintretenden Saftes, so wandert naturgemäß der Teil der Wärme, der infolge innerer Verdampfung aus dem bereits angewärmten Safte frei wird, in den Saft, der gerade der Vorwärmung unterzogen wird. Es findet also eine Art von Kreislauf statt, Beharrungszustand in der Verarbeitung und der Verdampfung vorausgesetzt.

Eine Ähnlichkeit mit dem sogenannten Carnotschen Kreisprozeß der Dampfmaschine fällt hier auf, und es kann hier analog gefolgert werden, daß der Vorgang der Vorwärmung um so vollkommener sich abspielen wird, also um so geringere Wärmekosten verursachen wird, je vollkommener jener Kreislauf ausgebildet ist. Es fragt sich nun, welche Wärmemenge aus der innern Verdampfung für die Vorwärmung theoretisch zur Verfügung steht.

Aus Abschnitt b) des Kapitels II geht am Schlusse hervor, daß es theoretisch recht wohl möglich ist, die ganze Verdampfung aus der innern Verdampfung zu bestreiten. Bei einer derart eingerichteten Verdampfung würde demnach auch sämtlicher zu Wärmezwecken entnommener Brüden der innern Verdampfung entstammen. Die für die reine Verdampfung errechnete Stufenzahl würde sich allerdings für die gemischte Verdampfung ändern.

Wie weit überhaupt ein derartiger Wärmeaustausch möglich ist, läßt sich mit Hilfe der Wärmebilanzgleichung Abschnitt h Kapitel II berechnen.

Gleichung 10) lautet hier

$$l_0\, u_0 - l_x \cdot u_x = Q + (z + \omega)\, \lambda_x - a_{r_0}.$$

Soll die Verdampfung nur eine innere sein, so muß z und a = 0 sein, man erhält also die Gleichung

$$10)\qquad l_0\, u_0 - l_x \cdot u_x = Q + \omega \cdot \lambda_x.$$

Die gesamte Wärmedifferenz der ein- und austretenden Lösungen findet sich also wieder in dem niedergeschlagenen Kondensat und dem Endbrüden.

Um mit dieser Gleichung 10) weiter rechnen zu können, sind allerdings noch einige die Anschauung erleichternde Annahmen zu machen. Der Endbrüden soll erstens nicht frei in den Kondensator entweichen, sondern in einem Oberflächen-Kondensator ohne äußere Wärmeverluste niedergeschlagen werden, so daß nur die Verdampfungswärme r_x des Endbrüdens in den Kondensator übergeht, die Flüssigkeitswärme q_x dagegen als Zugang zur Kondenswasserwärme Q unverändert erhalten bleibt. Bei Verwendung des gesamten Endbrüdens zur Vorwärmung, die theoretisch sehr wohl denkbar ist, würde an Stelle des Kondensators ein Vorwärmer treten, die Verdampfungswärme geht an den vorzuwärmenden Saft über, die Flüssigkeitswärme tritt nach wie vor in das Kondensat.

Es würde demnach die Kondenswassermenge, bestehend aus dem in den Verdampfkörpern niedergeschlagenen Kondensat und dem in der Vorwärmung oder dem Kondensator gebildeten Kondenswasser, in beiden Fällen, ob nun Brüden zur Vorwärmung entnommen wird oder nicht, völlig gleich bleiben.

Es besteht die rein substantielle Beziehung

11) $$C_d = l_0 - l_x,$$

wobei C_d die Kondenswassermenge bezeichnet.

Da die größtmögliche innere Verdampfung und somit der größtmögliche Wärmeaustausch nur bei Kondensat-Abdunstung nach Abschnitt e Kapitel II zu erreichen ist, so sei weiter noch vorausgesetzt, daß die Verdampfung mit dieser Abdunstung versehen sei, daß man also das Kondenswasser einschließlich des aus den angegliederten Vorwärmern stammenden Kondensats mit einer Temperatur t_{x-1} aus der Verdampfung erhält, das Kondensat des Endbrüdens dagegen mit der Temperatur t_x. Die im Kondensat enthaltene Wärmemenge ist dann

12) $$Q_1 = (C_{d_1} - \omega_1)\, q_{x-1} + \omega_1\, q_x$$

oder

13) $$Q_1 = C_{d_1}\, q_{x-1} - \omega_1\,(q_{x-1} - q_x).$$

Die in Gleichung 10) aufgestellte Wärmebilanz lautet für den jetzt angenommenen Fall

14) $$l_0\, u_0 - l_x\, u_x = Q_1 + \omega_1\, r_x.$$

Setzt man hierin Gleichung 13) ein, so erhält man

15) $$l_0\, u_0 - l_x\, u_x = C_{d_1}\, q_{x-1} + \omega_1\, \lambda_x - \omega_1\, q_{x-1},$$

wofür man bei genügend geringen Unterschieden zwischen t_{x-1} und t_x schreiben kann

16) $$l_0\, u_0 - l_x\, u_x = C_{d_1}\, q_{x-1} + \omega_1\, r_{x-1}.$$

Wird nun Wärme zur Vorwärmung entnommen, so gehen an den vorzuwärmenden Saft über

$$l_0\, c_0\, p_2\, (t_2 - t_s) \text{ Calorien.}$$

Hierbei bedeutet l_0 die zur Vorwärmung und Verdampfung gelangende Lösungsmenge, c_0 ihren spezifischen Wärmegehalt, p_2 den Anteil der Lösungsmenge, der von der Verdampfstation aus vorgewärmt werden kann, t_2 die Temperatur der zweiten Verdampfungsstufe, t_s diejenige des zur Vorwärmung gelangenden Saftes. Eine Anwärmung bis zur Temperatur der ersten Stufe kann mit innerer Verdampfung nicht erfolgen, da in dieser Stufe durch innere Verdampfung kein Brüden entwickelt werden kann mangels einer Differenz zwischen der Temperatur der eintretenden Lösung und der Verdampfungstemperatur.

Die Wärmebilanz bei dieser Wärmeabgabe lautet dann

$$17)\quad l_0 u_0 - l_x u_x = l_0 c_0 p_2 (t_2 - t_s) + Q_2 + \omega_2 r_x,$$

wobei Q_2 die in diesem Falle im Kondensat C_{d_2} erhaltene Wärme und ω_2 den Endbrüden aus innerer Verdampfung bedeutet.

Sorgt man nun dafür, daß auch die in den Vorwärmern niedergeschlagenen Kondensate durch Abdunstung auf t_x abgekühlt werden, so erhält man auch hier

$$18)\quad Q_2 = C_{d_2} \cdot q_{x-1} - \omega_2 (q_{x-1} - q_x),$$

wobei notwendigerweise wiederum

$$C_{d_2} = l_0 - l_x$$

sein muß.

Aus Gleichung 17) und 18) folgt dann ähnlich wie oben

$$19)\quad l_0 u_0 - l_x u_x = l_0 c_0 p_2 (t_2 - t_s) + C_{d_2} q_{x-1} + \omega_2 r_{x-1}.$$

Die linken Seiten der Gleichungen 16) und 19) sind einander gleich, folglich gleichen sich auch die rechten Seiten. Es entsteht daher die Gleichung

$$20)\quad C_{d_1} q_{x-1} + \omega_1 r_{x-1} = l_0 c_0 p_2 (t_2 - t_s) + C_{d_2} q_{x-1} + \omega_2 r_{x-1}$$

oder unter Fortfall von

$$C_{d_1} q_{x-1} = C_{d_2} q_{x-1}$$

$$21)\quad \omega_1 r_{x-1} = l_0 c_0 p_2 (t_2 - t_s) + \omega_2 r_{x-1}.$$

Will man die gesamte innere Wärme restlos zur Anwärmung verwenden, so wird man auch dafür sorgen müssen, daß der Endbrüden völlig zur Anwärmung verbraucht wird. Der Betrag $\omega_2 r_{x-1}$ in Gleichung 21) geht dann völlig in dem Anwärmungsbetrag $l_0 c_0 p_2 (t_2 - t_s)$ auf, er verschwindet somit aus der Gleichung. Diese erhält dann den Ausdruck

$$22)\quad \omega_1 r_{x-1} = l_0 \cdot c_0 p_2 (t_2 - t_s).$$

Die Gleichung 22) drückt aus, daß die Höhe des möglichen Austausches einzig und allein von der Menge des aus der innern Verdampfung resultierenden Endbrüdens der reinen Verdampfung und der Verdampfungswärme der vorletzten Stufe abhängig ist. Der Wärmekreislauf ist also um so vollkommener, je mehr Endbrüden aus innerer Verdampfung bei der der gemischten Verdampfung zugrunde liegenden reinen Verdampfung theoretisch erzielt werden kann. Dieser höchste Wärmebetrag im Produkt aus Menge des Endbrüdens und Verdampfungswärme der vorletzten Stufe wird aber nach dem Vorhergehenden erhalten:

1. Durch Kondensatabdunstung in den Verdampfkörpern und den Vorwärmern.
2. Bei gleichbleibender Anfangstemperatur der Verdampfung mit möglichst hohem Temperaturgefälle bis zur Endstufe.
3. Durch möglichst zahlreiche Stufen innerhalb des Gefälles zwischen Anfangs- und Endtemperatur der Verdampfung.

Es ist klar, daß bei einer Verdampfung ohne Kondensatabdunstung der Wärmeaustausch geringer sein muß als mit Abdunstung, da ja der Wärmebetrag des Endbrüdens geringer ist.

Es kommt aber noch hinzu, daß bei einer gemischten Verdampfung ohne Kondensatabdunstung der Wärmebetrag des Endbrüdens der reinen Verdampfung noch nicht einmal völlig in den vorzuwärmenden Saft übergeführt werden kann.

Es gilt hier nämlich nicht die Beziehung $C_{d_1} q_{x-1} = C_{d_2} \cdot q_{x-1}$ wie oben, sondern $C_{d_2} \cdot q_{II} > C_{d_1} q_I$, da eine kurze Überlegung zeigt, daß am Schluß der gemischten Verdampfung, also in den niedrigen Temperaturlagen, weniger Kondensate entstehen als in der reinen Verdampfung, von der ausgegangen wurde. Bei der Umgestaltung der reinen Verdampfung in die gemischte geht also ohne Kondensatabdunstung ein Teil der Endbrüdenwärme in das Kondensat über.

Die Gleichung 22) läßt sich nun noch umformen und vereinfachen, so daß neue Beziehungen klar gelegt werden. In Gleichung 3) Abschnitt g Kapitel II war für ω der Ausdruck gefunden

$$23) \qquad \omega = (y-1) \frac{\Delta_t}{r_x} [l_0 + s(F-1)] - (y-1) \frac{\Delta_t}{r_x} \cdot a$$

Wird wie in dem vorliegenden Falle die äußere Verdampfung ausgeschaltet, so wird $a = 0$. Setzt man außerdem noch für $(y-1)\ \Delta_t$ die gleichartige Größe $t_1 - t_x = q_1 - q_x$, so entsteht aus Gleichung 23)

$$\text{24)} \qquad \omega = \omega_1 = \frac{q_1 - q_x}{r_x}\,[l_0 + s\,(F-1)].$$

Die Ausdrücke $q_1\,[l_0 + s\,(F-1)]$ und $q_x\,[l_0 + s\,(F-1)]$ sind aber gleichbedeutend mit der in die Verdampfstation eintretenden an die Lösung gebundenen Wärmemenge $l_0\,u_0$ und der austretenden an Dicksaft und Kondenswasser gebundenen Wärmemenge $l_0\,u_x$. Für Gleichung 24) kann man daher schreiben

$$\text{25)} \qquad \omega_1 \cdot r_x = l_0\,u_0 - l_0\,u_x.$$

Vernachlässigt man den geringen Unterschied zwischen r_x und r_{x-1}, was bei der erforderlichen hohen Stufenzahl recht wohl zulässig ist, so entsteht aus Gleichung 22) und 25)

$$\text{26)} \qquad l_0\,u_0 - l_0\,u_x = l_0 \cdot c_0\,p_2\,(t_2 - t_s).$$

In Gleichung 26) lassen sich u_0 und u_x durch die Größen $c_0\,t_1$ und $c_0\,t_x$ ersetzen, wie aus den bisherigen Auseinandersetzungen hervorgeht. Nach Einsetzung dieser Größen fällt auf beiden Seiten der Gleichung der Faktor $l_0\,c_0$ fort, so daß die Gleichung dann lautet

$$\text{27)} \qquad t_1 - t_x = p_2\,(t_2 - t_s).$$

Hieraus folgt dann für p_2

$$\text{28)} \qquad p_2 = \frac{t_1 - t_x}{t_2 - t_s}.$$

p_2 ist meistenteils ein echter Bruch, da gewöhnlich $t_2 - t_s$ größer als $t_1 - t_x$ sein wird.

Für den Fall, daß p_2 ein echter Bruch ist, geht die gesamte, aus der Differenz zwischen t_1 und t_x entspringende Wärmemenge an den vorzuwärmenden Saft über. Die Differenz $t_1 - t_x$ bildet also den Maßstab für die theoretisch austauschbare Wärmemenge und bei feststehendem t_1 das Kriterium für die Güte des Wärmeaustausches durch die Verdampfung.

Macht man noch die vereinfachende Annahme, daß wegen des geringfügigen Unterschiedes $t_2 = t_1$ ist, so ist der Ausdruck

$$\text{29)} \qquad p_2 = \frac{t_1 - t_x}{t_1 - t_s},$$

also der Quotient aus Wärmegefälle der Verdampfung und Wärmegefälle der Gesamtvorwärmung, gleichbedeutend mit dem Gütegrad des Wärmeaustausches einer Verdampfung mit der Vorwärmung.

Der Gütegrad wird vollkommen, also gleich 1, wenn $t_x = t_s$ wird. In diesem Falle ist also für die Vorwärmung theoretisch kein Wärmeaufwand erforderlich. Diese Tatsache zeigt, daß der ideell unvermeidliche Wärmeverlust durch Vorwärmung nicht, wie ursprünglich angenommen, durch die Höhe von t_s bestimmt wird, sondern infolge Wärmeaustausches mit Hilfe der inneren Verdampfung durch die Höhe von t_x.

Es ist also nicht mehr der Temperaturanfangspunkt der Verdampfung, sondern ihr Temperaturendpunkt maßgebend für den Wärmeverbrauch der Vorwärmung. Um den theoretisch möglichen Mindestwärmeverbrauch zu erreichen, kommt es also darauf an, den Temperaturendpunkt der Verdampfung möglichst herabzusetzen. Das ist für das Folgende immer zu beachten und ein wichtiges Ergebnis der bisherigen Untersuchung.

Für $t_x > t_s$ ist demnach der Wärmeaufwand abhängig von der Differenz $t_x - t_s$ und wird ausgedrückt durch die Gleichung

30) $$V_1 = l_0 c_0 (t_x - t_s)$$

oder unter Beziehung auf Gleichungen 7) bis 9) dieses Kapitels

31) $$V_1 = (t_x - t_s) F_v.$$

Unter der Annahme, daß wieder t_s schwankt zwischen 0 und 20°, F_v zwischen 0, 867 und 1,209 wie oben, ferner t_x zwischen 55° und 70°, wird

$V_{1\,min} \cdot 100 = 35 \cdot 0{,}867 \cdot 100 =$ **3035 cal,**
$V_{1\,max} \cdot 100 = 70 \cdot 1{,}209 \cdot 100 =$ **8463 cal,**
und im Mittel etwa **5750 cal.**

In Kohle berechnet, unter denselben Voraussetzungen wie oben, ergibt das einen Kohlenverbrauch

für $V_{1\,min} \cdot 100$ von etwa **0,62 kg,**
für $V_{1\,max} \cdot 100$ von etwa **1,73 kg,**
und im Mittel ungefähr **1,17 kg.**

Der theoretische Wärmeverbrauch für Vorwärmung ist also durch Wärmeaustausch auf etwa die Hälfte des ursprünglichen zusammengeschrumpft.

Wird in Gleichung 29) t_s größer als t_x, was bei neueren Saftgewinnungsverfahren der Fall sein kann, so ist folgendes zu beachten.

Das in diesem Falle erreichte t_s ist nicht mehr mit einer wärmebedarfslosen Diffusion zu erreichen, sondern setzt eine Anwärmung mit direktem Dampfe oder meistens äußerem Verdampfungsbrüden voraus. Der hierzu nötige Wärmeverbrauch ist durch Austausch nicht zu beseitigen und fällt bis zur Höhe von t_x unter den theoretisch notwendigen Wärmeverbrauch der Vorwärmung V_1. Der über t_x hinausgehende Wärmebetrag vermindert die Austauschmöglichkeit mit der Verdampfung in voller Höhe seiner eignen Größe. Der Wärmeverbrauch wird also um den Betrag $(t_s - t_x)\ F_v$ größer als notwendig. Der Überschuß geht notwendigerweise in den Kondensator. Es ist also wärmetheoretisch verfehlt, wie schon am Schluß des vorigen Kapitels vorweg gesagt wurde, den Saft aus der Diffusion mit einer höheren Temperatur abzuziehen, als der des letzten Verdampfkörpers.

Eine Verdampfung lediglich als innere durchzuführen, ist praktisch nicht möglich, da die Anzahl der Stufen zu groß werden würde. Man muß also die äußere Verdampfung zu Hilfe nehmen. Wie stellt sich nun der Wärmeverbrauch zur Vorwärmung bei Benutzung äußerer Verdampfung?

Für die Beantwortung dieser Frage sind folgende Feststellungen von Bedeutung. Nach Kapitel II, Einleitung, tritt die von außen zugeführte Wärme im Betrage von ar_0 in die Verdampfung ein, und verläßt sie, falls reine Verdampfung vorliegt, unverändert im letzten Körper im Betrage von $zr_x = ar_0$. Wird in der gemischten Verdampfung unterwegs zur Vorwärmung ein Teil der äußeren Wärme verwendet, so bildet auch dieser Teil eine unveränderliche Abzweigung der ursprünglich eingeführten äußeren Wärme. Jedenfalls muß der Wärmegehalt aller durch äußere Verdampfung erzeugten Brüden addiert wieder den ursprünglichen Betrag ar_0 ergeben. Die äußere Verdampfung hat demnach gar keinen Einfluß auf die innere, vorausgesetzt, daß die Lösungsmenge l_0 auch bei äußerer Verdampfung durch Kondensatabdunstung von der Temperatur t_1 auf t_x abgekühlt wird. Die Differenz $t_1 - t_x$ ist demnach nach wie vor für die Größe des Wärmeaustausches maßgebend.

Sie ist es aber nicht für den Gütegrad der äußeren Verdampfung. Hierauf üben jetzt vielmehr andere Umstände entscheidenden Einfluß aus. Setzt man voraus, daß auch jetzt $t_1 - t_x$ kleiner oder gleich $t_1 - t_s$ ist, so geht die gesamte, aus der Differenz $t_1 - t_x$ entspringende Wärmemenge an den vorzuwärmenden Saft über. Die aus innerer Verdampfung freiwerdende, durch Austausch übertragbare Wärmemenge ist also untergebracht, durch äußere Verdampfung bleibt dann nur noch die Differenz $t_x - t_s$ zu decken sowie andere Wärmeverluste, die nicht durch Austausch zu beseitigen sind. Hierhin gehört vor allem der im nächsten Kapitel zu besprechende Wärmeverbrauch der Verkochstation sowie die hier immer vernachlässigten Wärmeverluste durch Oberflächenabkühlung und Ausstrahlung.

Alle Wärme, die mit ar_0 mehr in die Verdampfung eingeführt wird, als die Differenz $t_x - t_s$ und die Verkochstation aufzunehmen vermögen, geht also entweder als Wärmeverlust im engeren Sinne oder im Kondensator der Verdampfstation verloren. Rechnet man nun den Kondensatorverlust durch die Verkochung als unvermeidlich und sieht, wie bisher geschehen, von den Wärmeverlusten im engeren Sinne ab, so ist der Kondensatorverlust der Verdampfung maßgebend für die Güte der Anordnung der äußeren Verdampfung.

Bezeichnet man die Menge des in den Kondensator abziehenden Verdampfungsbrüdens mit z_2, so ist der Kondensatorverlust der äußeren Verdampfung $z_2 \cdot r_x$. Die Größe

$$\eta = \frac{a\,r_0 - z_2\,r_x}{a\,r_0}, \tag{32}$$

oder

$$\eta = 1 - \frac{z_2\,r_x}{a\,r_0} \tag{33}$$

ist also ein direkter Maßstab für die Güte der äußern Verdampfung.

Benennt man weiter die Menge des für die Verkochstation erforderlichen Heizbrüdens mit z_1, seine Verdampfungswärme mit r_v, so muß nach oben gesagtem unter andauernder Vernachlässigung der Wärmeverluste im regeren Sinne die Beziehung gelten

34) $$a\,r_0 = z_1\,r_v + z_2\,r_x$$

und

35) $$z_2\,r_x = a\,r_0 - z_1\,r_v.$$

Hierbei ist vorausgesetzt, daß $t_x = t_s$ ist. Das ist aber sehr wohl möglich, wenn man annimmt, daß der Saft durch Kesseldampf von t_s auf t_x angewärmt wird. Dies Verfahren hat theoretisch keine wärmeökonomischen Nachteile gegenüber der Anwärmung durch äußere Verdampfungsbrüden.

Durch Einsetzung der Gleichung 35) in Gleichung 33) erhält man dann

36) $$\eta = \frac{z_1\,r_v}{a\,r_0}.$$

Für $z_1\,r_v = a r_0$ wird $\eta = 1$ mithin vollkommen. Gleichung 36) sagt demnach in Worten: Der Gütegrad der äußern Verdampfung wird am besten, wenn es gelingt, die ganze erforderliche äußere Verdampfungsleistung mit einer Heizdampfwärme zu erreichen, die der für die Verkochstation erforderlichen Heizungswärme gleich ist. Das ist gewöhnlich nur dann möglich, wenn man den Heizbrüden für die Verkochstation möglichst viele Stufen der Verdampfstation durchwandern läßt. Gleichung 36) bildet also die Begründung und theoretische Unterlage für die Einführung des sogenannten Saftkochersystems.

Nach den vorhergehenden Ausführungen ist bei Beurteilung einer Verdampfungsanlage wohl zu unterscheiden zwischen der äußern Verdampfung und der inneren. Der Gütegrad des Wärmeaustausches mit Hilfe der inneren Verdampfung ist bei feststehendem t_1 allein abhängig von der Größe $t_1 - t_x$, der der äußeren von dem Verhältnis $\frac{z_1\,r_v}{a\,r_0}$. Hierin liegt ein gewisser Gegensatz, der sich nur unter Umständen ausgleichen läßt.

Da nämlich die Temperatur für r_v kaum unter 100^0 liegen kann, mithin meistens erheblich höher ist als das sonst mit Leichtigkeit zu erreichende t_x, so liegt auf der einen Seite die Forderung vor, die äußere Verdampfung mit $t_v \cong 100^0$ schließen zu lassen, auf der andern Seite, die innere Verdampfung bis $t_x \cong 60$ bis 70^0 durchzuführen. Ein Ausgleich ist nur denkbar, wenn man annimmt, daß die äußere Verdampfung mit $\eta = 1$ in der Praxis nicht durchführbar ist, was ja meistens zutrifft. Man hat dann ein Interesse daran, den dann auftretenden Kondensatorverlust durch ein möglichst kleines z_2 herabzudrücken. Das ist dann möglich, wenn man die Verdampfung in möglichst vielen Stufen bis auf t_x herunterführt, da dann a und mithin auch z_2 am kleinsten werden. Außerdem aber hat man dann noch die Möglichkeit, durch das verbleibende z_2 anstatt durch Kesseldampf die Anwärmung des Saftes von t_s auf t_x ganz oder teilweise vorzunehmen, und den endgültigen Kondensatorverlust auf ein möglichst geringes Maß herabzudrücken.

Es ergibt sich aber noch aus andern Gründen die Notwendigkeit, die Wärmedifferenz $t_1 - t_x$ in möglichst vielen Stufen abzugeben. Würde man z. B. nur zwei Stufen einrichten in den Temperaturlagen t_1 und t_x, was bei gleichzeitiger Anwendung äußerer Verdampfung recht wohl möglich wäre, so würde die ganze Differenz $t_1 - t_x$, Kondensatüberführung und Abdunstung auch in den Endvorwärmer vorausgesetzt, in Brüden von der Temperatur t_x erscheinen. Da Brüden dieser Temperatur im theoretischen Grenzfalle aber nur eine Anwärmung bis t_x hervorbringen kann, so kann sich die ganze Größe des Wärmeaustausches nur auf die Differenz $t_x - t_s$ beziffern. Wollte man daher nach wie vor die ganze Differenz $t_1 - t_x$ im Austausch unterbringen, so müßte die Voraussetzung $t_1 - t_x = t_x - t_s$ zutreffen. Das trifft aber nur in wenigen Fällen zu und würde immerhin nur einen Gütegrad des Wärmeaustausches von 50 % ermöglichen. Man beschneidet also bei zu geringer Stufenzahl die Möglichkeit des Wärmeaustausches.

Es ist mindestens erforderlich, noch eine weitere Zwischenstufe bei t_y zu machen. Auch diese Zwischenstufe muß bereits Brüden aus innerer Verdampfung entwickeln und abgeben können. Es muß dann außerdem die Beziehung bestehen

37) $$t_y - t_s = t_1 - t_x.$$

Zum völligen Wärmeaustausch ist demnach meistens die Einrichtung von mindestens 3 Stufen erforderlich.

Um die bisherigen Ergebnisse der Untersuchung über die Zusammenhänge der Vorwärmung und der Verkochstation mit der Verdampfung noch einmal kurz zusammenzufassen, so ist folgendes festgestellt worden:

Der Gütegrad der innern Verdampfung und des durch sie ermöglichten Wärmeaustausches ist unabhängig von dem Gütegrad der äußeren Verdampfung. In Hinsicht auf den Wärmeaustausch mit Hilfe der innern Verdampfung empfiehlt es sich, das Wärmegefälle $t_1 - t_x$ möglichst groß, und t_x möglichst niedrig zu wählen, sowie dieses Gefälle in eine ausreichende Anzahl von Stufen zu teilen. Um unnötige Wärmeverluste bei der äußern Verdampfung zu vermeiden, ist in erster Linie dahin zu streben, den Heizbrüden für die Verkochstation hinter einer möglichst großen Anzahl von Stufen der Verdampfstation zu entnehmen, so daß nach Möglichkeit die erforderliche äußere Verdampfungsleistung durch die Arbeit dieses Brüdens gedeckt wird. Soweit dies nicht möglich ist, ist der durch äußere Verdampfung entstehende Endbrüden zur Deckung der Wärmedifferenz $t_x - t_s$ zu verwenden und im übrigen durch Einrichtung einer tunlichst großen Zahl von Verdampfungsstufen soweit als möglich zu verkleinern.

VI. Die Verkochstation.

Die Verkochstation ist vom wärmetheoretischen Standpunkte aus gesehen nichts anderes als eine Verdampfung. Alles was von der Verdampfung zu sagen war, kann also ohne weiteres auf die Verkochstation übertragen werden. Infolge der Eigenart der zu verkochenden Substanz machen sich jedoch verschiedene Besonderheiten geltend, die im folgenden gewürdigt werden sollen.

Diese Besonderheiten bestehen einmal darin, daß infolge der Beschaffenheit des zur Verkochung gelangenden Dicksaftes und der während der Verkochung entstehenden breiartigen Füllmasse nur eine einstufige Verdampfung möglich ist und dann darin, daß der entstehende Verdampfungsbrüden so niedrige Temperatur besitzt, daß die in ihm enthaltene Wärme nur zu einem geringen Teile im Wege des Austausches nutzbar gemacht werden kann. Die Folge ist, daß die zur Verkochung in Anspruch genommene Wärmemenge bis zu einem geringen Teile in den Kondensator wandern muß und somit als ein Wärmeverlust erscheint, der infolge unabänderlicher praktischer Verhältnisse unvermeidlich ist.

Es handelt sich demnach im folgenden darum, die Höhe dieses unvermeidlichen Verlustes zu ermitteln und zu untersuchen, wie weit er im günstigsten Falle herabgemindert werden kann.

Werden auf Rüben anteilig berechnet p_d % Dicksaft der Verkochung zugeführt und ebenfalls auf Rüben anteilig berechnet p_f % Füllmasse erhalten, so müssen in der Verkochung $(p_d - p_f) \cdot R$ Wasser durch Verdampfung entfernt werden, wobei R die verarbeitete Rübenmenge bedeutet in gleicher Bezeichnung wie schon früher. Ist die Temperatur der Füllmasse t_f, die des Verkochungsbrüdens t_b und schließlich die des Heizbrüdens t_v, die des Dicksaftes ebenso wie früher t_x, so berechnet sich der Wärmeverbrauch folgendermaßen:

Es muß zuerst ein Anwärmungsprozeß stattfinden. Der Dicksaft verläßt mit t_x Temperatur die Verdampfstation, die Verkochung findet dagegen bei der Temperatur t_f statt. Meistens ist t_f höher als t_x, nämlich 75^0—85^0 gegenüber 55^0—65^0. Dieser Anwärmungsbetrag ist

$$1) \qquad W_1 = [p_d R - s(1 - F)](t_f - t_x).$$

Hierbei haben s und F die schon früher gekennzeichnete Bedeutung.

Weiter findet eine Verdampfung statt. $R(p_d - p_f)$ Wasser werden aus einer Füllmasse von t_f Temperatur in Brüden von t_s Temperatur verwandelt. Das erfordert einen Wärmeaufwand von

$$2) \qquad W_2 = R(p_d - p_f)(\lambda_b - q_f),$$

wobei λ_b die der Temperatur t_b entsprechende Gesamtwärme, q_f die der Temperatur t_f entsprechende Flüssigkeitswärme bedeutet. Aus der Addition beider Gleichungen ergibt sich der Gesamtwärmeverbrauch für die Verkochung $W_1 + W_2 = W_k$.

$$3) \qquad W_k = [p_d R - s(1 - F)](t_f - t_x) + R(p_d - p_f)(\lambda_b - q_f).$$

Da $q_f = t_f$ gesetzt werden kann, so ergibt sich noch bei Zusammenziehung der Gleichung

$$4) \qquad W_k = R[p_d(\lambda_b - t_x) - p_f(\lambda_b - t_f)] - s(1 - F)(t_f - t_x).$$

Die Menge des erforderlichen Heizbrüdens wird dann bestimmt aus der Beziehung

$$5) \qquad z_1 \cdot r_v = W_k,$$

also

$$6)\qquad z_1 = \frac{W_k}{r_v}.$$

Aus dem Aufbau der Gleichung 4) ergibt sich, daß W_k wächst mit der Größe der Differenz $p_d - p_f$, mit höherem λ_b und mit höherem t_f, daß es dagegen abnimmt mit höherem s und mit höherem t_x. Auf R = 100 bezogen schwankt nun gewöhnlich p_d zwischen 26 und 35, p_f zwischen 18 und 22, s zwischen 17 und 21. t_b liegt zwischen 55° und 65°, λ_b demnach zwischen 623 und 626 cal, t_x wieder zwischen 55° und 65° und schließlich t_f zwischen 75° und 85°. F sei wieder = 0,3. Unter Einsetzung dieser Zahlen mit Berücksichtigung des über den Aufbau der Gleichung 4) Gesagten ergibt sich

$$\begin{aligned} W_{k\,min} &= 26\,(623 - 65) - 18\,(623 - 75) - 17 \cdot 0{,}7\,(75 - 65) \\ &= 26 \cdot 558 - 18 \cdot 548 - 17 \cdot 7 \\ &= 14\,508 - 9864 - 119 = \mathbf{4525\ cal} \end{aligned}$$

und

$$\begin{aligned} W_{k\,max} &= 35\,(626 - 55) - 22\,(626 - 85) - 21 \cdot 0{,}7\,(85 - 55) \\ &= 35 \cdot 571 - 22 \cdot 541 - 21 \cdot 21 \\ &= 19\,985 - 11\,902 - 441 = \mathbf{7642\ cal.} \end{aligned}$$

Im Mittel ist demnach W_k = **6084 cal.**

Legt man, wie schon früher, für die Erzeugung dieser Wärmemengen eine Kohle von 7000 cal und eine Ausnutzung dieser Kohle von 0,7 zugrunde, so beansprucht

$W_{k\,min}$ einen Kohlenverbrauch von . . . 0,92 kg
$W_{k\,max}$ einen solchen von . . . . 1,56 ,,
und W_k im Mittel einen Verbrauch von . . 1,24 ,,

alles berechnet auf 100 kg verarbeitete Rüben.

Von dieser errechneten Wärmemenge geht der Betrag

$$p_f \cdot R \cdot t_f$$

in der resultierenden Füllmasse durch Abkühlung ohne weiteres verloren. Der Rest kann mit der Temperatur t_f und im Betrage von

$$7)\qquad W_3 = \frac{(W_k - p_f \cdot R \cdot t_f)\, r_b}{\lambda_b}$$

unter Umständen noch nutzbar gemacht werden. Für $W_{k\,min}$ beträgt

$$W_{3\,min} = \frac{(4525 - 18 \cdot 75)}{623} \cdot 568 = \frac{3175 \cdot 568}{623}$$

$$= \mathbf{2895\ cal}$$

und für $W_{k\,max}$ ist

$$W_{3\,max} = \frac{(7642 - 22 \cdot 85)}{626} \cdot 561 = \frac{5772 \cdot 568}{626}$$

$$= \mathbf{5173\ cal}$$

und im Mittel etwa

$$W_3 = \mathbf{3997\ cal.}$$

Es fragt sich, wo die Wärmemenge noch untergebracht werden kann. Nach Gleichung 31) vorigen Kapitels bleibt für die Vorwärmung noch der Betrag

8) $$V_1 = (t_x - t_s)\, F_v$$

zu decken, der durch Wärmeaustausch der innern Verdampfung nicht aufgebracht werden kann, sondern durch äußere Wärmezufuhr bestritten werden muß. Dieses V_1 ist nun größer als W_3. Es ist also möglich, W_3 gänzlich in der Vorwärmung unterzubringen, vorausgesetzt, daß die ganze erforderliche äußere Verdampfung durch den in der Verkochstation erforderlichen Heizbrüden annähernd zu leisten ist. Es ist auch die Bedingung

9) $$t_b \geqq t_x$$

erfüllt, so daß der Aufstellung eines Rohsaftvorwärmers hinter der Verkochstation nichts im Wege steht. In diesem Falle der Rohsaftanwärmung mittels Vakuumbrüdens hat die Verkochstation dann nur noch einen theoretischen Wärmebedarf von

10) $$W_4 = W_k - W_3.$$

Dieser wird für $W_{k\,min}$ und $W_{3\,min} = W_{4\,min}$ und für $W_{k\,max}$ und $W_{3\,max} = W_{4\,max}$.

Unter Anwendung der bereits errechneten Zahlen ist dann

$$W_{4\,min} = 1630\ \text{cal}$$

und $$W_{4\,max} = 2469\ \text{cal.}$$

Im Mittel ist $$W_4 = 2087\ \text{cal.}$$

Auf Kohle wie oben umgerechnet, macht das einen Kohlenverbrauch von 0,33 kg
oder 0,50 „
und 0,43 „

Nach bislang vielfach üblichen Anordnungen kommt noch eine andere Verwendungsart dieser Wärmemenge in Betracht, nämlich bei Erzeugung warmen Druckwassers für die Diffusion durch Aufstellung eines Wasservorwärmers hinter der Verkochstation. Die Wärmeausnutzung ist in diesem Falle aber eine erheblich geringere, und die erforderliche Wärmemenge könnte noch dazu ebensogut durch das aus der Verdampfstation entfallende Kondensat aufgebracht werden.

Nach Gleichung 17) Kapitel IV ist die Menge des in der Diffusion gebrauchten Druckwassers

$$11)\qquad W = R\,(1 + p),$$

worin W die Druckwassermenge, R die verarbeitete Rübenmenge, p den Saftabzug auf Rüben bedeutet.

Da nun nach den Ausführungen des gleichen Kapitels von dem Druckwasser nur der Betrag p — 1 in die eigentliche Diffusion eindringt, mithin auch nur der Wärmegehalt dieser Menge für den Wärmehaushalt in Frage kommt, so kann von der zur Verfügung stehenden Wärmemenge nur der Betrag

$$12)\qquad W_5 = \frac{W_3 \cdot R\,(p - 1)}{R\,(p + 1)}$$

in der Diffusion nutzbar gemacht werden. Durch Fortfall von R vereinfacht sich diese Gleichung auf

$$13)\qquad W_5 = W_3 \frac{(p - 1)}{(p + 1)}$$

Setzt man hierin nacheinander für p die Werte p = 1,1, p = 1,2, p = 1,3 ein, so ergibt sich

$$W_5 = 0{,}048\, W_3 \quad \text{für} \quad p = 1{,}1,$$
$$W_5 = 0{,}091\, W_3 \quad \text{für} \quad p = 1{,}2,$$
$$W_5 = 0{,}130\, W_3 \quad \text{für} \quad p = 1{,}3.$$

Die Anwärmung des Rohsaftes ist also wärmeökonomisch entschieden der Anwärmung des Druckwassers vorzuziehen.

VII. Verwendung der Kondensatwärme aus der Verdampfstation.

Nach der Schlußbetrachtung des vorigen Kapitels über Verwendung des Vakuumbrüdens zur Erzeugung warmen Druckwassers für die Diffusion liegt es nahe, die gleiche Verwendungsmöglichkeit für die Kondensatwärme der Verdampfstation ins Auge zu fassen.

Um Mißverständnissen vorzubeugen, sei gleich hier wiederholt, was zu Anfang der Abhandlung über die Verdampfung gesagt wurde, daß nämlich das Kondensat des in die Verdampfstation geleiteten Heizbrüdens mit dem Wärmegehalt $a q_0$ unverkürzt in die Dampfkessel zurückgeleitet werden soll. Eine Ver wendung der aus der Verdampfstation stammenden Kondensate zur Kesselspeisung ist demnach ausgeschlossen.

Wie bereits früher nachgewiesen, entfallen diese Kondensate in einer Menge $l_0 - l_x$ und besitzen, Kondensatabdunstung vorausgesetzt, die Temperatur t_{x-1}, falls man den geringen Wärmeunterschied des Endbrüdens vernachlässigt. Es steht demnach an Wärme zur Verfügung

$$1) \qquad Q_c = (l_0 - l_x)\, t_{x-1}.$$

Diese Wärmemenge wechselt mit $l_0 - l_x$ und t_{x-1}. Die Größe $l_0 - l_x$ ist aber wieder abhängig von der Höhe des Saftabzuges p und des im Safte enthaltenen Trockensubstanzgehalts.

Analog Kapitel V sei wieder angenommen, daß auch p und s wieder in einem bestimmten Abhängigkeitsverhältnisse zueinander stehen, daß also z. B. einem $p = 1{,}1$ ein $s = 0{,}17$, auf Rüben $R = 1$ berechnet, entspricht, und einem $p = 1{,}2$ ein $s = 0{,}15$. Dann hat der Saft im ersten Falle einen Trockensubstanzgehalt von 0,154 und im zweiten Falle von 0,125 auf $p \cdot R = 1$ bezogen. l_x andererseits wird wieder in seiner Beziehung zu $l_0 = p \cdot R$ durch den Trockensubstanzgehalt bestimmt, den der Dicksaft erreichen soll. Bewegt sich dieser z. B. in den Grenzen von 0,6 bis 0,65 auf $l_x = 1$ bezogen, so ist die im Dicksaft enthaltene Trockensubstanz

$$2) \qquad T_{2\,min} = 0{,}6\, l_x$$

oder

3) $$T_{2\,max} = 0{,}65\, l_x.$$

Die in l_0 enthaltene Trockensubstanz ist dagegen, die vorher angegebenen Zahlen vorausgesetzt,

4) $$T_{1\,min} = 0{,}125\, l_0$$

oder

5) $$T_{1\,max} = 0{,}154\, l_0.$$

Da eine Zerstörung von Trockensubstanz während der Verdampfung unberücksichtigt bleiben soll, so gilt folgerichtig

6) $$T_1 = T_2,$$

mithin auch z. B.

7) $$0{,}6\, l_{x1} = 0{,}154\, l_0$$

oder

8) $$0{,}65\, l_{x2} = 0{,}125\, l_0.$$

Berücksichtigt man noch die Beziehung

9) $$l_0 = p \cdot R,$$

wobei $p = 1{,}2$ für $T_{1\,min} = 0{,}125\, l_0$ und $p = 1{,}1$ für $T_{1\,max} = 0{,}154\, l_0$ zu verwenden ist, so folgt aus Gleichung 7) und 8)

10) $$l_{x1} = \frac{0{,}154 \cdot 1{,}1 \cdot R}{0{,}6}$$

und

11) $$l_{x2} = \frac{0{,}125 \cdot 1{,}2 \cdot R}{0{,}65}$$

und ferner

12) $$l_{01} - l_{x1} = 1{,}1 \cdot R \left(1 - \frac{0{,}154}{0{,}6}\right) = 0{,}817\, R$$

sowie

13) $$l_{02} - l_{x2} = 1{,}2\, R \left(1 - \frac{0{,}125}{0{,}65}\right) = 0{,}970\, R;$$

für $R = 100$ und $t_{x-1\,min} = 60$, $t_{x-1\,max} = 70$ wird dann

14) $$Q_{c\,min} = 0{,}817 \cdot 100 \cdot 60 \cong 4900\,\text{cal}$$

15) $$Q_{c\,max} = 0{,}970 \cdot 100 \cdot 70 \cong 6800\,\text{cal}.$$

Diese Wärmemengen sind aber in gleicher Weise, wie im vorigen Kapitel auseinandergesetzt wurde, nur im Verhältnis $\frac{p-1}{p+1}$ in der Diffusion unterzubringen.

Das macht bei

$$Q_{c\,min} : 0{,}048 \cdot 4900 \cong 235\,\text{cal}$$

und für

$$Q_{c\,max} : 0{,}091 \cdot 6800 \cong 619\,\text{cal}$$

aus.

Der Nutzen ist demnach auch hier nur ein sehr geringer. Die Wärmezugabe mit Druckwasser in die Diffusion ist dagegen berufen, eine sehr wichtige Rolle zu spielen, falls an die Zuckerfabrik eine Schnitzeltrocknung angeschlossen ist, da dann die vom Druckwasser an die Schnitzeltrocknung abgegebene Wärme der Trocknung in hohem Maße zugute kommt.

VIII. Die Dampfmaschinen.

Der theoretische Wärmebedarf für die in einer Rohzuckerfabrik aufzuwendende mechanische Arbeit ist an sich leicht festzustellen, da es nur der Ermittlung bedarf, wieviel mechanische Arbeit erfahrungsgemäß zur vollständigen Verarbeitung der Gewichtseinheit Rüben nötig ist. Die ermittelte Zahl wäre dann nur mit dem mechanischen Wärmeäquivalent zu multiplizieren und die Untersuchung wäre beendet.

So einfach ist diese Aufgabe leider nicht zu lösen, da der als Energieträger in den Maschinen verwendete Dampf Aufnahme in die Verdampfstation finden soll und somit zwingt, bei Anordnung der Verdampfung weitgehende Rücksicht auf seine Unterbringung und Ausnutzung zu nehmen. Die ursprünglich gestellte einfache Aufgabe wandelt sich also in die verwickeltere, außer dem theoretischen Wärmebedarf für erforderliche mechanische Arbeit auch den Einfluß zu bestimmen, den der bei der mechanischen Arbeit abfallende Abdampf auf die gesamte Wärmewirtschaft, besonders aber auf die der Verdampfstation ausübt. Es soll im folgenden erst die einfachere, dann die verwickeltere Aufgabe behandelt werden.

Nach Angabe einer erfahrenen Maschinenfabrik beträgt bei einer kleineren Fabrik von 16 000 Ztr. täglicher Rübenverarbeitung, normale Verhältnisse vorausgesetzt, der Kraftbedarf 400 indizierte PS, bei einer mittleren Fabrik von 25 000 Ztr. 550 ind. PS, bei einer großen von 40 000 Ztr. 800 ind. PS.

Auf eine stündliche Rübenverarbeitung von 100 kg bezogen ist die erforderliche stündliche Kraftleistung demnach

im Falle 1 . . . . 1,2 ind. PS,
im Falle 2 . . . . 1,06 ind. PS,
im Falle 3 . . . . 0,96 ind. PS.

Der Kraftbedarf einer Fabrik fällt demnach sehr zugunsten der wachsenden Rübenverarbeitung, eine Erscheinung, die auf den großen Einfluß der sogenannten Leerlaufarbeit hindeutet.

Der theoretische Wärmebedarf für eine PS-Stunde wird nun folgendermaßen berechnet:

1 PS ist gleich 75 m/kg/sec,
1 PS-Stunde demnach 3600 mal soviel, also
1 PS-Stunde $= 75 \cdot 3600$ m/kg.

Die Multiplikation mit dem mechanischen Wärmeäquivalent $\frac{1}{424}$ ergibt demnach die für eine PS-Stunde erforderlichen Wärmeeinheiten

$$\frac{75 \cdot 3600}{424} \cong 637 \text{ cal.}$$

Der theoretische Wärmewert der zur Verarbeitung von 100 kg Rüben erforderlichen mechanischen Arbeit beträgt folglich

im Falle 1 $\cong$ **764 cal,**
im Falle 2 $\cong$ **675 kg,**
im Falle 3 $\cong$ **612 cal,**
und im Mittel etwa **685 cal,**

entsprechend einem Kraftbedarf von **1,075** ind. PS-Stunden auf 100 kg Rüben.

Mit dieser einfachen Berechnung ist nun, wie schon oben ausgeführt wurde, das angeschnittene Thema nicht erschöpft. Die Dampfmaschine ist als Durchgangsstation für einen mit hohem Wärmeniveau ihr zufließenden und mit niedrigerem Wärmeniveau sie verlassenden Dampfstrom zu betrachten, aus dem sie vermöge ihrer Konstruktion und Arbeitsweise in mehr oder minder vollkommenem Grade die zur Kraftleistung erforderliche Wärmemenge entnimmt. Theoretisch muß also dieselbe Dampfmenge, die der Maschine zuströmt, sie auch wieder verlassen, sie muß also unverändert erhalten bleiben, sie besitzt nur einen um die entnommene Arbeitsleistung geringeren Wärmewert.

Bei bekannter Admissionsspannung und -Temperatur und bekannter Gegenspannung läßt sich also theoretisch die aus einem kg Dampf gewinnbare Anzahl von Pferdestärken und umgekehrt die für eine Pferdekraft und Stunde theoretisch erforderlichen kg Dampf berechnen. Das ist in den Tabellen über den „Theoretischen Dampfverbrauch für eine Pferdekraft und Stunde für verschiedene Admissions- und Gegenspannungen" auf Seite 104, 105 geschehen. In Wirklichkeit ist der Dampfverbrauch natürlich höher, da Kondensationsverluste in den Maschinen, der Einfluß der Wandungen, Unvollkommenheit der Steuerorgane, Dampfverluste durch Undichtigkeiten, beschränkte Expansionsmöglichkeit usw. den Dampfverbrauch im ungünstigen Sinne beeinflussen.

Da in der vorliegenden rein theoretischen Abhandlung alle derartigen Einflüsse von vornherein ausgeschlossen sein sollten, diese ungünstigen Faktoren außerdem je nach Bauart, Güte und Alter der Maschinen von verschiedenem Gewichte sind, so seien sie auch im folgenden vernachlässigt, um einen exakten Vergleich der verschiedenen Arbeitsbedingungen und Wärmeverhältnisse der Maschinen zu ermöglichen. Nur die Richtung ihres Einflusses soll später gekennzeichnet werden.

Der zur Krafterzeugung in den Dampfmaschinen verwendete Frischdampf verläßt also die Maschinen in gleicher Gewichtsmenge als Abdampf mit dem Drucke und dem Wärmegehalte der Gegenspannung, wobei angenommen sein möge, daß der Abdampf immer gesättigt ist.

Dieser Abdampf soll in der Verdampfstation Verwendung finden als Heizdampf. Es fragt sich, wieweit das möglich ist. In den vorhergehenden Kapiteln ist der theoretische Wärmebedarf der Rohzuckerfabrik in seinen einzelnen Beträgen ermittelt.

Theoretischer Dampfverbrauch für eine Pferdekraft und Stunde für verschiedene Admissions- und Gegenspannungen.

Für Naßdampf berechnet aus der Zeunerschen Formel:

$$\frac{D_h}{N_m} = 75 \cdot \frac{3600}{r_1} \cdot \frac{A\,T_1}{T_1 - T_2},$$

worin bedeutet:

D_h die stündlich der Maschine zugeführte Dampfmenge von der Admissionsspannung,

N_m die maximal aus ihr zu gewinnende Anzahl von Pferdestärken,

T_1 die absolute Temperatur, die der Admissionsspannung entspricht,

r_1 die T_1 entsprechende Verdampfungswärme.

T_2 die absolute Temperatur, die der Gegenspannung entspricht,

A das mechanische Wärmeäquivalent.

Für Heißdampf ist die Formel verwendet:

$$A\,L = i - i_{0''} - \Theta_0\,(s_{0''} - s),$$

worin bedeutet:

L die gewinnbare Arbeit,

A das mechanische Wärmeäquivalent,

i den Wärmeinhalt des überhitzten Dampfes,

$i_{0''}$ den Wärmeinhalt des Abdampfes,

s die Entropie des Heißdampfes,

$s_{0''}$ die Entropie des Abdampfes,

Θ_0 die absolute Temperatur des Abdampfes.

1. Bei Naßdampf.

Admissionsspannung in kg/qcm (absolut)	Dampfverbrauch für eine Pferdekraft und Stunde bei einem absoluten Gegendruck von:		
	1,0 kg/qcm	1,5 kg/qcm	2,0 kg/qcm
7	8,740 kg	10,647 kg	12,757 kg
9	7,831 „	9,269 „	10,758 „
11	7,252 „	8,432 „	9,595 „
13	6,846 „	7,657 „	8,581 „
15	6,545 „	7,425 „	8,267 „
17	6,302 „	7,099 „	7,847 „

2. Bei Dampf mit 50° Überhitzung.

Admissions-spannung in kg/qcm (absolut)	Dampfverbrauch für eine Pferdekraft und Stunde bei einem absoluten Gegendruck von:		
	1,0 kg/qcm	1,5 kg/qcm	2,0 kg/qcm
7	7,625	9,380	11,300
9	6,729	8,033	9,373
11	6,193	7,273	8,341
13	5,806	6,731	7,626
15	5,481	6,304	7,056
17	5,226	5,949	6,624

3. Bei Dampf mit 100° Überhitzung.

Admissions-spannung in kg/qcm (absolut)	Dampfverbrauch für eine Pferdekraft und Stunde bei einem absoluten Gegendruck von:		
	1,0 kg/qcm	1,5 kg/qcm	2,0 kg/qcm
7	6,899	8,564	10,210
9	5,942	7,237	8,353
11	5,554	6,699	7,635
13	5,146	6,143	6,913
15	4,909	5,831	6,514
17	4,670	5,510	6,117

4. Bei Dampf mit 150° Überhitzung.

Admissions-spannung in kg/qcm (absolut)	Dampfverbrauch für eine Pferdekraft und Stunde bei einem absoluten Gegendruck von:		
	1,0 kg/qcm	1,5 kg/qcm	2,0 kg/qcm
7	6,404	7,672	9,018
9	5,585	6,654	7,768
11	5,240	6,142	6,951
13	4,904	5,712	6,396
15	4,640	5,377	5,976
17	4,401	5,077	5,601

Er betrug für 100 kg Rübenverarbeitung:

	max	min	i. Mittel
nach Kapitel V für die Vorwärmung .	8 463 cal	3035 cal	5750 cal
nach Kapitel VI für die Verkochstation	2 469 „	1630 „	2087 „
	10 932 cal	4665 cal	7837 cal

Nimmt man die mittlere Zahl von rund 7850 cal als maßgebend an, ferner die zu Anfang dieses Kapitels ermittelte normale Kraftleistung von 1,075 ind. PS auf 100 kg Rüben, so ergibt sich, daß bei einem Gegendruck von

$$p_0 = 1{,}0\ \mathrm{kg/qcm} = 1{,}5\ \mathrm{kg/qcm} = 2{,}0\ \mathrm{kg/qcm} = 3{,}0\ \mathrm{kg/qcm}$$

und entsprechendem

$$r_0 = 537{,}15 \quad = 528{,}87 \quad = 522{,}60 \quad = 513{,}15$$

der Dampfverbrauch für eine Pferdekraft und Stunde nicht höher sein darf als

$$\sim 13{,}6\ \mathrm{kg} \quad \sim 13{,}9\ \mathrm{kg} \quad \sim 14{,}0\ \mathrm{kg} \quad \sim 14{,}2\ \mathrm{kg}$$

Die Forderung des genannten maximalen Dampfverbrauchs ist mithin bei entsprechender Wahl von Admissionsspannung und Temperatur wohl zu erfüllen, sogar bei nicht vollkommenen Maschinen. Der Spielraum für den Dampfverbrauch der Maschine wird sogar in der Praxis durch die auftretenden Wärmeverluste, durch Oberflächenabkühlung, Strahlung usw. noch vermehrt. Schätzungsweise erhöht sich der Wärmeverbrauch einer Fabrik durch alle diese Umstände um ca. 10 000 cal auf rund 20 000 cal für 100 kg Rübenverarbeitung. Der Abdampf der Maschinen findet also gute und willige Aufnahme in der Verdampfstation. Die Kombination zwischen Dampfmaschine und Verdampfung ist daher die gegebene Lösung des Problems einer möglichst günstigen Wärmeausnutzung in der Rohzuckerfabrik.

Es würde demnach auf den ersten Blick als richtig erscheinen, daß der Dampfverbrauch der Maschinen solange keine Rolle spielt, als die im Abdampf enthaltene Wärmemenge gleich oder geringer ist als die in der Fabrik zur Bestreitung aller Wärmeunkosten erforderliche Wärmemenge. Solange es sich nur um eine Betrachtung der in Bewegung befindlichen Wärmegrößen an sich handelt, ist das auch zweifellos richtig.

Es spielt indes hier noch ein anderes Moment eine Rolle, nämlich die Kosten der Wärmebeschaffung. Die Vorgänge im Kesselhause dürfen nicht vernachlässigt werden. Die Wärmeausnutzung der Kohle im Dampfkessel, die Kosten der Wärmeerzeugung hängen hauptsächlich von zwei Umständen ab. Erstens davon, wieviel überschüssige Verbrennungsluft beim Verbrennungsprozeß verwendet wird und also auf die Temperatur der Heizgase erwärmt werden muß, und zweitens von der Temperatur der den Kessel verlassenden Heizgase. Für den Umfang der ersten Erscheinung bildet der Kohlensäuregehalt der Verbrennungsgase einen Maßstab, die Temperatur der abziehenden Gase ist dagegen ihrerseits wieder abhängig von der Dampftemperatur des Kessels, da klar ist, daß die Temperatur der Heizgase über der Kesseltemperatur liegen muß. Diese Erscheinungen werden annähernd berücksichtigt in der einfachen Formel

$$V = p\frac{(T - t)}{k} \tag{1}$$

hierin bedeutet:

V den Verlust in Prozenten des Heizwertes der Kohle, den die den Kessel verlassenden Heizgase verursachen,

p einen Erfahrungskoeffizienten, der etwa zu 0,68 angenommen werden kann,

T die Temperatur der abziehenden Gase in Celsius,

t die Temperatur im Kesselhause vor der Feuerung in Celsius,

k den prozentigen Gehalt der abziehenden Verbrennungsgase an Kohlensäure.

Diese, den gesamten Heizverlust der Kohle zwar nicht treffende, aber doch den größten Teil desselben deckende, einfache Formel soll im folgenden benutzt werden mit der Voraussetzung, daß der Heizwert der Kohle gleichbleibend 7000 cal betragen, daß die Heizgase den Kessel mit 200^0 über Dampftemperatur verlassen und daß der Kohlensäuregehalt der Gase ständig 10 % sein soll, sowie daß die Temperatur vor der Feuerung immer 20^0 beträgt.

Sind nun in der Fabrik zur Verarbeitung von 100 kg Rüben 20 000 cal nötig, so kann man vielleicht annehmen, daß diese Wärme durch Dampf von 3 At absoluter Spannung mit einer

Sättigungstemperatur von 133° übertragen wird. Da dieser Dampf eine Verdampfungswärme von 513,15 cal hat, so sind zur Abgabe von 20 000 cal ungefähr 39 kg Dampf erforderlich.

Bei Anwendung der Gleichung 1) unter den oben formulierten Voraussetzungen würde sich für Dampf von 133° Sättigungstemperatur ein Wärmeverlust in den abziehenden Heizgasen ergeben von

$$V = 0{,}68 \frac{(333 - 20)}{10} = 21{,}3\ \%.$$

Von den 7000 cal der verbrannten Kohle würden also nur 5509 cal ausgenutzt. Besitzt das Speisewasser nun nur eine Temperatur von 120°, so sind zur Erzeugung eines kg Dampfes 0,096 kg Kohle erforderlich. Für alle 39 kg wären demnach 3,744 kg Kohle nötig.

Da aber auch Maschinenabdampf zur Wärmeabgabe herangezogen werden soll, so können nicht alle 39 kg Dampf bei einer Spannung von 3 at. abs. erzeugt werden, der Maschinenabdampf entsteht je nach Wahl der Maschine mit höherer Spannung, und bildet ebenfalls wieder je nach Wahl der Maschine in dem entstehenden Abdampf einen mehr oder minder großen Bestandteil des gesamten Dampfbedarfes. Es sei hier wieder als feststehend angenommen, daß der Abdampf mit 2 at. abs. Spannung die Maschinen verläßt, mit 120° in der Verdampfstation kondensiert wird und mit gleicher Temperatur als Speisewasser wieder in die Maschinendampfkessel eintritt.

Aus der schon erwähnten Tabelle über den theoretischen Dampfverbrauch für eine Pferdekraft und Stunde soll nun eine Reihe von Dampfverbrauchszahlen gebildet werden, die bei gleichbleibendem Gegendruck von 2 at abs und steigender Admissionsspannung und Temperatur annähernd stetig sinkende Dampfverbrauchsziffern ergibt.

Die folgende Reihe entspricht annähernd dieser Forderung:

	Admissionsspannung	Admissionstemperatur	Dampfverbrauch für eine PS und Stunde
1)	7	Sättigungstemperatur	12,757 kg
2)	9	„	10,758 „
3)	13	„	8,581 „
4)	17	50° Überhitzung	6,624 „
5)	17	150° „	5,601 „

Die Kohlenkosten für 1 kg Maschinendampf, wiederum nach Formel 1) unter Berücksichtigung des Umstandes berechnet, daß die Kesseltemperatur und damit die Heizgastemperatur nicht durch die Überhitzungstemperatur beeinflußt wird, ergeben sich für die verschiedenen Spannungsstufen zu

1)	0,100 kg
2)	0,101 ,,
3)	0,104 ,,
4)	0,110 ,,
5)	0,120 ,,

Berechnet man hiernach die Kohlenkosten für die zu einer Pferdekraftstunde erforderlichen kg Dampf in den einzelnen Stufen und addiert hierzu die Kohlenkosten für den noch weiter erforderlichen Kochdampf — die Differenz zwischen Gesamtverbrauch und Maschinendampfverbrauch multipliziert mit 0,096 kg Kohlen für 1 kg Dampf wie oben —, so ergibt sich für jeden einzelnen Fall der Gesamtkohlenverbrauch. Die Werte nacheinander als Ordinaten in einem Koordinatensystem aufgetragen ergeben eine Kurve, die den Einfluß von Spannung und Temperatur des Maschinendampfes auf den Gesamtkohlenverbrauch erkennen läßt. Das ist in Fig. 27 geschehen.

Der Verlauf der Kurve in Fig. 27 zeigt, daß die Gesamtkohlenkosten mit den erhöhten Kohlenkosten für den Maschinendampf steigen, trotzdem der Bedarf an Maschinendampf an sich geringer wird. Die Steigerung ist sogar um so stärker, in je höheren Temperaturlagen der Maschinenfrischdampf erzeugt wird.

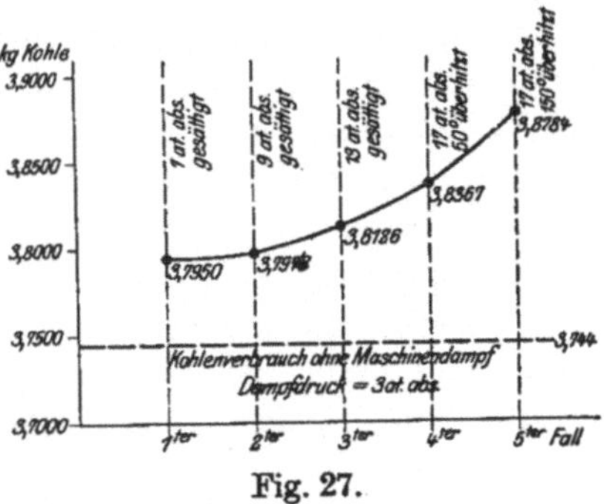

Fig. 27.

Die Kurve ist zwar nur für theoretische Werte des Maschinendampfverbrauches und für theoretisch ermittelte Kohlenkosten gültig, es unterliegt aber kaum einem Zweifel, daß die Kurve für praktische Werte denselben Sinn beibehalten wird. Daß deshalb, weil bei unvollkommenen Dampfmaschinen der Einfluß des

Maschinendampfes auf die Gesamtwärmewirtschaft noch größer sein wird als hier, und weil die Ersparnisse durch höherwertigen Dampf naturgemäß geringer sind als theoretisch möglich ist. Schließlich sind bei höher gespanntem Dampfe auch die Ausnutzungsgrade der Kohle praktisch noch geringer als hier angenommen wurde, weil die Strahlungsverluste der Kessel- und Feuerzüge hier nicht berücksichtigt wurden, und auch meistens die Heizflächen nicht entsprechend dem schlechteren Wärmeübertragungskoeffizienten größer gewählt sind.

Aus alledem ergibt sich, daß es nicht angebracht ist, mit der Maschinendampfspannung sehr hoch zu gehen, oder weiter zu überhitzen als nötig ist, um Schäden in den Maschinen durch mitgerissenes Wasser usw. zu vermeiden. Dagegen werden diejenigen Maschinen im Hinblick auf die Gesamtwärmekosten am günstigsten arbeiten, die bei hohem Gegendruck, normaler Admissionsspannung und gesättigtem Dampfe den geringsten Dampfverbrauch aufweisen.

Aus den bisherigen Ausführungen geht auch noch indirekt hervor, daß eine Zweiteilung der Kesselbatterie in Hochdruck- und Niederdruckkesseln in wärmewirtschaftlichem Interesse erforderlich ist. Auch geldwirtschaftlich ist diese Maßnahme wohl gerechtfertigt, da die Mehrausgabe für die erforderliche doppelte Rohrleitung keine Rolle spielt gegenüber der Ersparnis, die durch die billigere Beschaffung der Niederdruckkessel ermöglicht wird.

Es ist ferner auch nicht richtig, mit der Gegenspannung der Maschinen höher zu gehen, als eine zweckmäßige Einrichtung der Verdampfung unbedingt verlangt. Denn höherer Gegendruck bedingt eine höhere Admissionsspannung oder größeren Dampfverbrauch der Maschinen, mithin höhere Kohlenkosten.

Zu beachten ist in der Verdampfung in dieser Hinsicht die früher bereits aufgestellte Forderung, daß der Endbrüden der Verdampfung, soweit er nicht zur Rohsaftvorwärmung benötigt wird, restlos in der Verkochstation Verwendung finden soll, daß also die Verdampfung mit der auf diese Weise beschränkten Menge Endbrüdens geleistet werden muß. Es wird sich in Hinblick hierauf nicht vermeiden lassen, auch den Maschinenabdampf möglichst weit vorn in die Verdampfung eintreten zu lassen, um auch mit ihm eine Mehrfachverdampfung vor der Verkochstation durchzuführen.

Von den verschiedenen Arten derartiger Verdampfungsanordnungen wird noch an einer späteren Stelle die Rede sein.

IX. Zusammenfassung.

In der vorliegenden Abhandlung sind ursprünglich als wärmeverbrauchend erkannt worden:

1. Die mechanische Kraftleistung.
2. Die Anwärmung.
3. Die Verdampf- und Verkochstation.
4. Die Wärmeverluste.

Es wurde zuerst von der Verdampfung nachgewiesen, daß sie sowohl einstufig als mehrstufig als reine Verdampfung theoretisch einen Wärmeverbrauch nicht aufweist. Die einschlägigen Verhältnisse, innere und äußere Verdampfung, Endbrüden, Kondensatabdunstung, Wärmebilanz und Einfluß der Wärmeverluste wurden, zum Teil graphisch, eingehend untersucht.

Auch der Wärmeverbrauch der Vorwärmung konnte nicht in der vollen ursprünglich angenommenen Höhe als berechtigt anerkannt werden. Der infolge der inneren Verdampfung eintretende Wärmeaustausch ließ vielmehr erkennen, daß theoretisch nur eine Vorwärmung bis zum Temperaturendpunkt der Verdampfung als notwendig wärmeverbrauchend gelten kann. Die darüber hinausgehende Vorwärmung wird im Kreislauf durch die innere Verdampfung wieder an den noch vorzuwärmenden Saft zurückgegeben.

Auch die Diffusion läßt sich so führen, daß keine Wärme verbraucht wird, sogar unter praktisch recht gut innezuhaltenden Umständen.

Wegen praktisch nicht zu überwindender, in der Natur der zu verkochenden Substanzen liegender Schwierigkeiten mußte dagegen ein Wärmeverbrauch der Verkochstation anerkannt und angenommen werden. Bei der Einrichtung und Anordnung der äußeren Verdampfung spielt dieser Wärmeverbrauch der Verkochstation sogar eine ausschlaggebende Rolle, wie die Einrichtung und die Erfolge der Saftkocher zeigen.

Die mechanische Kraftleistung hat ihren theoretisch feststehenden Wärmebedarf, der einfach und schnell zu berechnen ist. Es durfte aber nicht der Einfluß übergangen werden, den der Abdampf der Kraftmaschinen auf die Gestaltung der äußeren Verdampfung ausübt. Die Verbindung von Maschinenbetrieb mit der Verdampfung durch die Abdampfverwertung wurde als die gegebene und ideale Lösung der auftretenden Fragen erkannt.

Für die Maschinen ergab sich, daß solche mit geringstem Dampfverbrauch bei nicht zu hoher Admissionsspannung und trocken gesättigtem Dampfe die vorteilhaftesten sind. Für die Kessel erwies sich die Zweiteilung in Hochdruckkessel für Maschinendampf und Niederdruckkessel für Kochdampf als theoretisch und praktisch wünschenswert.

Der Gesamtwärmeverbrauch einer Rohzuckerfabrik stellt sich demnach theoretisch wie folgt:

	höchstens	mindestens	im Mittel
Vorwärmung	8 463 cal	3035 cal	5750 cal
Verkochung	2 469 „	1630 „	2087 „
Mechanische Kraft	764 „	612 „	685 „
Zusammen	11 696 cal	5277 cal	8522 cal

Alles bezogen auf 100 kg verarbeitete Rüben.

Bei gebräuchlicher Ausnutzung einer mittelguten Kohle rechtfertigt das einen Kohlenverbrauch von:

auf 100 kg Rüben		
höchstens	mindestens	im Mittel
2,38 kg	1,08 kg	1,74 kg

Jeder hierüber hinausgehende Wärme- und Kohlenverbrauch fällt in das theoretisch vermeidliche, praktisch leider aber noch immer sehr große Gebiet der Wärmeverluste.

Von Bedeutung ist auch die Erkenntnis, daß alle diese Wärmeverluste unmittelbar vom Kesseldampf bestritten werden müssen, daß also jede unnötige Heizung der umgebenden Atmosphäre teure Kohlen kostet. In Kesselhausbetrieb, Bekleidung und Isolierung großer ungeschützter Flächen (Diffusion) bleibt da noch viel zu bessern. Auch die Ausnutzung der Kondensatwärme kann hier noch manche Hilfe leisten.

So geben die rein theoretischen Erwägungen manche Winke, die sich mit Vorteil in der Praxis befolgen lassen. Es bedeutet auch hier, den richtigen Weg beschreiten, zuerst die tieferen Ursachen aller Erscheinungen kennen zu lernen, ehe man ihre praktische Ausnutzung rein erfahrungsgemäß und unsicher tastend versucht.

Die Allgemeinheit der Untersuchung hat auch noch den Vorteil, daß sie sich unter Änderung der erfahrungsmäßig eingesetzten Zahlen nicht nur für die Rohzuckerfabrik, sondern für jede andere Fabrikation verwenden läßt, die mit Dampfmaschinen und Verdampfung arbeitet.

C. Vergleich verschiedener Verdampfsysteme.

Die im Laufe der Abhandlung, besonders im Kapitel II Absatz k gewonnenen Hilfsmittel können nun mit Vorteil benutzt werden, um für eine gegebene Verdampfungsleistung und einen geforderten Anwärmebedarf die beste Dampfverteilung festzustellen. Sie sollen im folgenden dazu dienen, eine Reihe bekannter Verdampfsysteme auf ihre theoretische Wärmeökonomie hin zu vergleichen.

Um einen solchen Vergleich wirksam zu gestalten, ist es zuvor nötig, alle zu untersuchenden Verdampfsysteme auf eine gemeinsame Grundlage gleicher Leistung, gleicher Saftmengen und gleicher Saftbeschaffenheit zu stellen.

Für alles folgende sei daher als feststehend angenommen:

Verarbeitet werden 100 kg Rüben. Von 100 kg Rüben werden bis zum ersten Verdampfkörper 130 % = 130 kg Dünnsaft erhalten mit $s = 13\ \% \cong 17$ kg Trockensubstanz. Dieser Dünnsaft soll innerhalb der Verdampfstation auf 26 % auf Rüben = 26 kg Dicksaft mit 65 % = 17 kg Trockensubstanz eingedampft werden, so daß im ganzen 130 — 26 = 104 kg Wasser zu verdampfen sind. Dieser Dicksaft wiederum wird in der Verkochstation auf 18 % auf Rüben = 18 kg Füllmasse mit 94 % = 17 kg Trockensubstanz eingekocht. Feststehend sei auch die Temperatur der Füllmasse beim Verkochen $t_f = 75^0$ und die Temperatur des Vakuumbrüdens $t_b = 60^0$ und dementsprechend seine Gesamtwärme $\lambda_b = 625^0$. Ferner sei gleichbleibend die spezifische Wärme der Trockensubstanz F zu 0,3 angesetzt. Die Menge des aus der Batterie gewonnenen Rohsaftes sei weiter in vereinfachender Annahme gleich der des in die Verdampfstation eintretenden Dünnsaftes, nämlich = 130 kg, seine Temperatur beim Austritt aus der Batterie = 25^0 angenommen. Die Diffusion ist ohne Wärmeverbrauch arbeitend gedacht.

Als Wärme verbrauchend sind demnach in Übereinstimmung mit dem Vorhergehenden nur die Anwärme- und die Verkochstation eingeführt. Der Wärmeverbrauch der Anwärmestation berechnet sich für 1^0 Temperaturunterschied und den zugrunde gelegten Dünnsaft und für R = 100 auf

$$V = 130 \cdot [(1 - s) + s \cdot F] = 130 [1 - s (1 - F)]$$

oder unter Einsetzung der angenommenen Werte für s und F

$$V = 130 [1 - 0{,}13 \cdot 0{,}7] = 130 \cdot 0{,}909 = 118{,}1,$$

für Δt Temperaturdifferenz wird

$$V = \Delta t \cdot 118{,}1.$$

Eine Anwärmung ist nach den früher aufgestellten Forderungen von jeder einzelnen Stufe aus angenommen. Für Maschinendampf und Rückdampf sind ferner auf 100 kg Rüben nach Angaben einer Maschinenfabrik folgende Zahlen zugrunde gelegt:

Kesselspannung	Rückdampfspannung	Maschinendampf	Rückdampf
10 at Überdruck	0,5 at Überdruck	13,20 kg	10,60 kg
12 „ „	1,0 „ „	14,60 „	11,66 „
12 „ „	1,5 „ „	15,40 „	12,30 „
14 „ „	1,75 „ „	16,30 „	13,10 „
14 „ „	2,50 „ „	18,50 „	14,80 „

Da ferner überall in Übereinstimmung mit den früheren Untersuchungen wärmeverlustlose Rückführung der aus Kesseldämpfen stammenden Kondensate in die Kessel angenommen ist, so ist die Spannung der Kochkessel immer nur ebenso hoch angenommen wie die Spannung desjenigen Heizkörpers, der von ihnen beschickt wird.

Es kann nunmehr zum Vergleich geschritten werden.

Zu Fig. 28. Das in Fig. 28 behandelte Verdampfsystem stellt die in früheren Zeiten wohl allgemein und in einzelnen alten

Maschinendampf 10 at Überdruck, Kochdampf 0,5 at Überdruck,
Rückdampf 0,5 at. Überdruck.

3 Stufen.

$t_0 = 110^0, \quad t_1 = 95^0, \quad t_2 = 80^0, \quad t_x = 65^0.$

Vakuen mit Kesseldampf.

Maschinenrückdampf und Kochdampf in den 1. Körper.

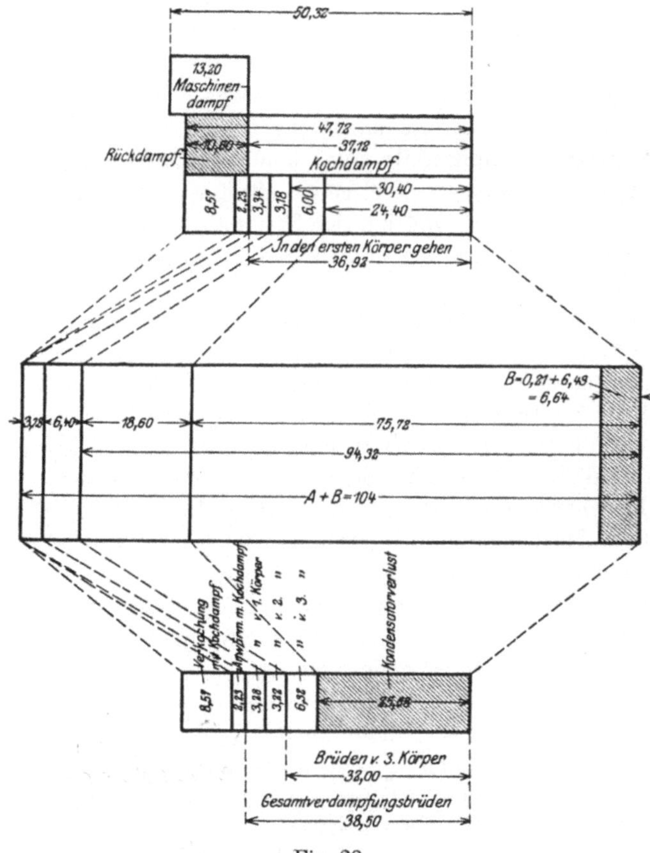

Fig. 28.

Fabriken wohl noch heute gebräuchliche einfachste Anordnung dar. Die Verdampfstation besteht aus 3 Körpern (Triple-Effet), die Vakuen werden mit Kesseldampf beheizt, der Rückdampf strömt mit Kesseldampf zusammen in den ersten Körper.

Zum Verständnis der in den Figuren 28—34 enthaltenen Darstellungen sei noch bemerkt, daß von den auf die verschiedenen Anwärmungsanteile, Verkochung und Kondensatorverlust entfallenden Endbrüden ausgegangen wurde. Diese Endbrüdenbeträge sind in dem untersten Kasten enthalten und hierin der Breite nach in gleichem Maßstabe aufgetragen. Die dem jeweiligen Endbrüden entsprechenden und durch Berechnung festgestellten Heizdampfanteile sind im obersten Kasten in gleicher Weise und gleichem Maßstabe ebenfalls der Breite nach eingezeichnet. Der mittlere Kasten enthält in gleichem Maßstabe, ebenfalls der Breite nach eingetragen, die durch die er rechneten Heizdampfanteile aus dem Dünnsafte verdampften Mengen Lösungswasser. Die ganze Breite dieses Kastens ist jedesmal $= A + B =$ 104 kg, der Summe der gesamten inneren und äußeren Verdampfung gemäß den in Kapitel II gewählten Bezeichnungen.

Die zusammengehörigen Heizdampfanteile a, die durch sie verdampften Lösungsmengen und die entstehenden Endbrüdenanteile e sind jedesmal durch gestrichelte Linien verbunden, so daß die Zusammenhänge auch dem Auge sich klar vorstellen. Über dem obersten Kasten sind dann noch die Anteile von Rückdampf und Kochdampf an dem Gesamtheizdampfe ersichtlich gemacht, ebenso noch der zur Erzeugung des Rückdampfes erforderliche Maschinendampf. Im übrigen ist alles deutlich genug aus den Figuren selber ersichtlich.

Bei der zu Figur 28 erforderlichen Berechnung ist folgendermaßen vorgegangen worden. Der Rückdampf habe eine Spannung von 0,5 at Überdruck. Dementsprechend herrscht in der Heizkammer des ersten Körpers die Temperatur $t_0 = 110^0$. Bei drei Stufen und, wie früher bei Aufstellung aller einschlägigen Gleichungen immer angenommen, gleichem Temperaturabfall in allen Stufen, findet dann die Verdampfung statt bei den Temperaturen $t_1 = 95^0$, $t_2 = 80^0$, $t_3 = t_x = 65^0$.

Hier, wie auch in allen folgenden Beispielen, sei angenommen, daß von jeder Verdampfungsstufe aus mit dem entwickelten Brüden immer nur eine Anwärmung geleistet werden kann bis zu einer Temperatur, die 10^0 unter der des zur Heizung verwendeten Brüdens liegt, mit Kochdampf aber höchstens bis zur Temperatur des ersten Verdampfkörpers. Nachdem alles dieses vorausgeschickt ist, läßt sich zur Erleichterung der kommenden Rechnung folgende kleine Tabelle aufstellen.

Temperaturen	Verdampfungswärme	Anwärmung erfolgt bis	Anwärmung erfolgt um $\Delta t =$	$V = \Delta t.$ 118,1	Zur Aufbringung von V erforderl. Heizbrüden i. kg
$t_0 = 110^0$	$r_0 = 530$	95^0	10^0	1181	2,23
$t_1 = 95^0$	$r_1 = 540{,}5$	85^0	15^0	1771	3,28
$t_2 = 80^0$	$r_2 = 551$	70^0	15^0	1771	3,22
$t_x = 65^0$	$r_x = 561$	55^0	30^0	3543	6,32
$t_s = 25^0$ des Diffusionssaftes					

Nach Gleichung 4) Kapitel VI ist der Wärmebedarf für die Verkochung

$$W_k = R\,[p_d\,(\lambda_b - t_x) - p_f\,(\lambda_b - t_f)] - s\,(1 - F)\,(t_f - t_x).$$

Unter Einsetzung der zu Anfang dieses Kapitels für den Saft und die Verkochung festgesetzten Zahlen erhält diese Gleichung für $t_x = 65$ den Wert

$$W_k = 26\,(625 - 65) - 18\,(625 - 75) - 17 \cdot 0{,}7\,(75 - 65) = 4541 \text{ cal.}$$

An Heizdampf mit $r_0 = 530$ sind hierfür 8,57 kg erforderlich. Diese berühren, da sie vom Kesseldampf geleistet werden, die Verdampfung überhaupt nicht, ebensowenig die 2,23 kg Heizdampf, die zur Anwärmung des Saftes von 85 auf 95^0 gebraucht werden. In der Figur schließen die von diesen a und e ausgehenden Strahlen darum auch kein verdampftes Lösungswasser ein.

Einstufig werden nach obenstehender kleiner Tabelle im ersten Körper verdampft 3,28 kg. Das hierzu erforderliche a beträgt $\frac{3{,}28 \cdot 540{,}5}{530} = 3{,}34$ kg. e und verdampftes Wasser sind in diesem Falle identisch. Für die mehrstufige Verdampfung bleiben also nur noch zu leisten $104 - 3{,}28 = 100{,}72$ kg, das in die mehrstufige Verdampfung eintretende l_0 ist daher nicht mehr gleich 130 kg, sondern nur noch $100{,}72 + 26 = 126{,}72$ kg.

Um für die weitere Berechnung die im Kapitel II Abschnitt k formulierten Begriffe von N und ND festlegen zu können, ist es zuvor erforderlich, eine kleine Überschlagsrechnung aufzustellen.

Hierbei sei angenommen, daß jedem Endbrüden e entsprechend in den vorhergehenden Stufen ein gleich großer Betrag verdampft werde. Diese Annahme ist, wie erinnerlich, schon früher bei der Konstruktion verschiedener Formeln mit zulässigen Fehlergrenzen gemacht worden. Dann werden mehrstufig verdampft:

	Im ersten Körper	Im zweiten Körper	Im dritten Körper
	3,22 kg	3,22 kg	—
	6,32 „	6,32 „	6,32 kg
zusammen	9,54 kg	9,54 kg	6,32 kg

so daß noch bis zur Gesamtleistung von 100,72 kg für jeden Körper gleichmäßig zu verdampfen bleiben:

	25,10 kg	25,10 kg	25,12 kg
Ganze Summe	34,64 kg	34,64 kg	31,44 kg

Gesamtsumme 100,72 kg.

Es ist infolgedessen für den

	A + B	$N = \frac{l_0}{A+B}$	$D = t_0 - t_x$	N · D
2. Körper . . .	69,28	1,83	30	54,8
3. Körper . . .	100,72	1,26	45	56,7

Mit Hilfe der Gleichungen 4), 12) und 13) des Kapitels II Abschnitt k und der Gleichung 27) Kapitel II Abschnitt a ergibt sich dann weiter unter Benutzung der Bezeichnungen des Kapitels II:

Zweiter Körper. $B = 6\,(y-1)\,N \cdot D$ bezogen auf 10 000. Auf 1 bezogen unter Einsetzung von $y = 2$ und $N \cdot D = 54{,}8$

$$B = \frac{6 \cdot 54{,}8}{10\,000} = \mathbf{0{,}0328};$$

ferner:

$$a = \frac{e \cdot r_x\,(1 - 0{,}0009\,(y-1)\,D \cdot N)}{r_0} = \frac{3{,}22 \cdot 551\,(1 - 0{,}0494)}{530}$$

$$= \frac{3{,}22 \cdot 551 \cdot 0{,}9506}{530} = \mathbf{3{,}18},$$

$$A = a\,r_0\left(\frac{1}{r_1} + \frac{1}{r_2}\right) = 3{,}18\left(\frac{530}{540{,}5} + \frac{530}{551}\right)$$

$$= 3{,}18\,(0{,}980 + 0{,}962) = 3{,}18 \cdot 1{,}942 = \mathbf{6{,}19}.$$

Wenn B = 0,0328 (A + B) ist, so ist unter Umformung dieser Beziehung $B = \frac{0,0328}{1 - 0,0328} \cdot A = \frac{0,0328}{0,9672} \cdot A$

$$\text{oder } B = \frac{0,0328}{0,9672} \cdot 6,19 = \mathbf{0,21}$$

und $$A + B = \mathbf{6,40.}$$

Dritter Körper:

Für den dritten Körper, als den letzten, gestaltet sich die Rechnung ein klein wenig anders, weil diesmal e unbekannt, dafür aber A + B bekannt ist.

Es ist wieder B = 6 (y — 1) N · D,

nämlich

$$= \frac{6 \cdot 2 \cdot 56,7}{10\,000} = \mathbf{0,0682.}$$

Von 104 kg Gesamtverdampfung sind bereits geleistet

3,28 kg Anteil des abgelenkten Endbrüdens vom 1. Körper

6,40 ,, ,, ,, ,, ,, ,, 2. ,,

zus. 9,68 kg. Es bleiben also noch zu leisten für den Endbrüden des dritten Körpers:

$$104 - 9,68 = \mathbf{94,32}\ \text{kg} = A + B$$
$$B = 0,0682\,(A + B) = 0,0682 \cdot 94,32 = \mathbf{6,43}\ \text{kg}$$
$$A = 94,32 - B = 94,32 - 6,43 = \mathbf{87,89}\ \text{kg.}$$

Aus

$$A = a\,r_0\left(\frac{1}{r_1} + \frac{1}{r_2} + \frac{1}{r_x}\right) = a \cdot \left(\frac{530}{540,5} + \frac{530}{551} + \frac{530}{561}\right) = a \cdot 2,885$$

folgt umgekehrt

$$a = \frac{A}{2,885} = \frac{87,89}{2,885} = \mathbf{30,40\,kg.}$$

Aus

$$e = \frac{a \cdot r_0}{r_x\,(1 - 0,009\,(y - 1)\,D \cdot N)}$$

ergibt sich dann endlich

$$e = \frac{30,40 \cdot 530}{561 \cdot (1 - 0,1023)} = \frac{30,40 \cdot 530}{561 \cdot 0,8977} = \mathbf{32,00}\ \text{kg}.$$

Da zur Anwärmung nur 6,32 kg gebraucht werden, so ist der Kondensatorverlust = 32,00 — 6,32 = 25,68 kg. Die zu e = 6,32 gehörigen a und A + B berechnen sich anteilig im Verhältnis der beiden e nämlich im Verhältnis $\frac{6{,}32}{32{,}00}$ zu a = 6,0 und A + B = 18,60. Der aus der Verdampfung entnommene Gesamtverdampfungsbrüden beträgt dann 38,50 kg. In den ersten Körper gehen 36,92 kg Koch- und Maschinenrückdampf, aufgewendet müssen im ganzen werden 47,72 kg Koch- und Rückdampf und 37,12 kg Kochdampf + 13,20 kg Maschinendampf = **50,32** kg. Das Ergebnis ist also wegen der geringen Brüdenablenkung ein äußerst ungünstiges.

Rechnet man wegen weiterer Wärmeverluste usw. noch etwa 24 kg Dampfverbrauch außerdem, so stellt sich der Gesamtdampfverbrauch auf etwa **75 kg** auf 100 kg Rüben.

Zur Kontrolle der Anwendbarkeit der benutzten Gleichung und des eingeschlagenen Verfahrens sei noch kurz eine Kontrollrechnung ausgeführt.

Zur Verdampfung gelangen 130 kg Lösung und 17 kg Trockensubstanz. 36,92 kg Heizdampf treten in die Heizkammer des ersten Körpers und verdampfen dort

$$\frac{36{,}92 \cdot 530}{540{,}5} = 36{,}20\,\text{kg}\,.$$

Von diesem Brüden werden abgelenkt 3,28 kg, es bleiben also für die Heizkammer des zweiten Körpers nur noch verfügbar 36,20 — 3,28 = 32,92 kg. Nach Verdampfung von 36,2 kg aus der Lösung gelangen in den Saftraum des zweiten Körpers nunmehr nur noch 113 — 36,20 = 76,80 kg Lösungswasser + 17 kg Trockensubstanz. Bei einer Abkühlung um 15° werden hieraus frei 76,80 · 15 + 17 · 15 · 0,3 = 1152 + 76,5 = 1228,5 cal.

Diese entwickeln an Brüden $\frac{1228{,}5}{551} = 2{,}23$ kg.

32,92 kg in die Heizkammer des zweiten Körpers einströmenden Brüdens verdampfen im zweiten Körper

$\frac{32{,}92 \cdot 540{,}5}{551} = 32{,}30$ kg, dazu die soeben errechneten 2,23 kg ergeben 34,53 kg zweiten Brüdens. Von diesem Brüden werden abgelenkt 3,22 kg, so daß nur noch 34,53 — 3,22 = 31,31 kg

Maschinendampf 10 at Überdruck, Kochdampf 0,5 at Überdruck, Rückdampf 0,5 at Überdruck.

4 Stufen.

$t_0 = 110^0$, $t_1 = 98{,}75^0$, $t_2 = 87{,}50^0$, $t_3 = 76{,}25^0$, $t_x = 65^0$.

Vakuen mit Brüden vom 1. Körper.

Maschinenrückdampf und Kochdampf in den 1. Körper.

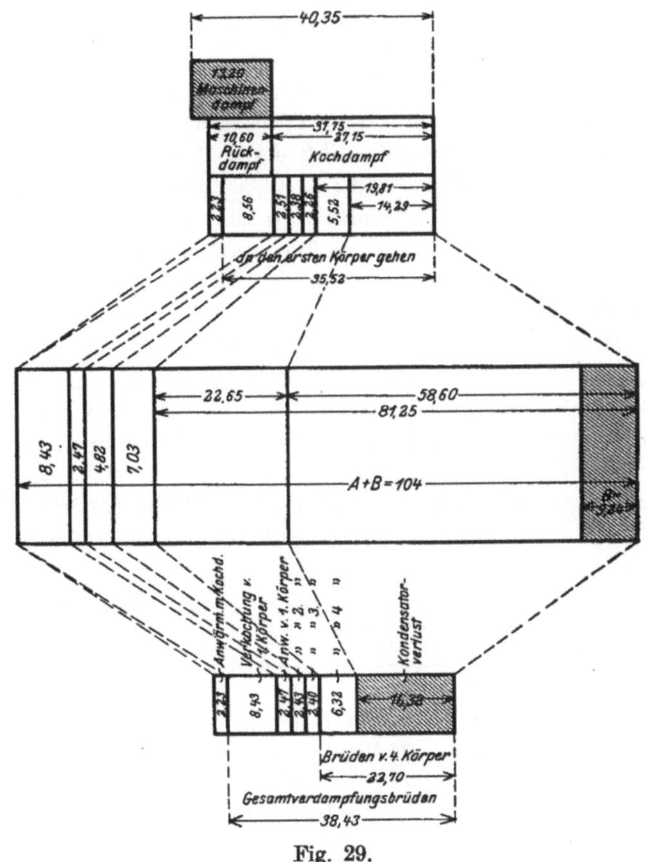

Fig. 29.

Brüden in die Heizkammer des dritten Körpers gehen. In den Saftraum des dritten Körpers treten nach Verdampfung von 34,53 kg im zweiten Körper nur noch ein 76,80 — 34,53 = 42,27 Lösungswasser + 17 kg Trockensubstanz. Bei einer Abkühlung um 15^0 werden hieraus wieder frei $42{,}27 \cdot 15 + 17 \cdot 15 \cdot 0{,}3 = 634 + 76{,}5 = 710{,}5$ cal. Diese entwickeln $\frac{710{,}5}{561} = 1{,}27$ kg Brüden. 31,31 kg in die Heizkammer des dritten Körpers einströmenden Brüdens verdampfen im dritten Körper $\frac{31{,}31 \cdot 551}{561}$ 30,80 kg. Dazu die soeben errechneten 1,27 kg ergeben 32,07 kg dritten Brüden. Nach Verdampfung von 32,07 kg enthält die Lösung dann nur noch $42{,}27 - 32{,}07 = 10{,}20$ kg Lösungswasser + 17 kg Trockensubstanz = 27,20 kg.

Der Fehler in der in Figur 28 berechneten Verdampfung beträgt demnach $27{,}2 - 26 = 1{,}2$ kg = 1,15 % auf 104 kg, der Fehler im Endbrüden $32{,}07 - 32{,}00 = 0{,}07 = 0{,}22$ % auf 32 kg. Das verwendete Verfahren ist also mit guter Genauigkeit anwendbar. Auch die bei den folgenden Beispielen in gleicher Weise angestellten Kontrollrechnungen ergaben Fehler in ähnlich geringer Größe.

Zu Fig. 29. In Figur 29 ist das noch heute häufig anzutreffende Quadruple-Effet ohne Saftkocher der Berechnung unterzogen. Die Vakuen werden mit Brüden vom ersten Körper beheizt, der Rückdampf strömt wiederum mit Kesseldampf zusammen in den ersten Körper.

Die Berechnung ist genau in der gleichen Weise vorgenommen wie bei Figur 28, doch seien hier noch die einschlägigen Daten hergesetzt.

Temperaturen	Verdampfungswärme	Anwärmung erfolgt bis	Δt	V $= \Delta t \cdot 118{,}1$	Erforderliche kg Heizbrüden
$t_0 = 110^0$	$r_0 = 530$	$98{,}75^0$	10^0	1181	2,23
$t_1 = 98{,}75^0$	$r_1 = 538$	$88{,}75^0$	$11{,}25^0$	1328	2,47
$t_2 = 87{,}50^0$	$r_2 = 546$	$77{,}50^0$	$11{,}25^0$	1328	2,43
$t_3 = 76{,}25^0$	$r_3 = 553{,}5$	$66{,}25^0$	$11{,}25^0$	1328	2,40
$t_x = 65^0$	$r_x = 561$	$55{,}00^0$	30^0	3543	6,32
$t_s = 25^0$					

W_k ist auch hier = 4541 cal, zur Bestreitung sind an Brüden mit $r_0 = 538$ erforderlich 8,43 kg. Einstufig werden verdampft $8{,}43 + 2{,}47 = 10{,}90$ kg.

Hierzu sind an Kochdampf erforderlich $8{,}56 + 2{,}51 = 11{,}07$ kg. Mehrstufig werden verdampft im

1. Körper	2. Körper	3. Körper	4. Körper
2,43	2,43	—	—
2,40	2,40	2,40	—
6,32	6,32	6,32	6,32
11,15	11,15	8,72	6,32

hierzu zur Ergänzung der Leistung auf 104 — 10,90 = 93,10

13,94	13,94	13,94	13,94
Ganze Summe 25,09	25,09	22,66	20,26

l_0 für die Mehrfachverdampfung stellt sich auf

$$93{,}10 + 26 = 119{,}10 \text{ kg}.$$

Es ergibt sich daher für den

	A + B	$N = \frac{l_0}{A + B}$	$D = t_0 - tx$	N · D
2. Körper	50,18	2,37	22,5	53,3
3. „	72,84	1,64	33,75	55,2
4. „	83,10	1,43	45	64,5

Der Kondensatorverlust stellt sich hier nur noch auf 16,38 kg, der aus der Verdampfung entnommene Gesamtverdampfungsbrüden auf 38,43 kg. In den ersten Körper gehen 35,52 kg Koch- und Maschinenrückdampf, aufgewendet müssen im ganzen werden 37,75 kg Koch- und Rückdampf und 27,15 kg Kochdampf + 13,20 kg Maschinendampf = **40,35 kg.** Die einmalige Ablenkung des zur Verkochstation gebrauchten Heizbrüdens hat also gegenüber dem ersten Falle eine Ersparnis von etwa 10 kg Dampf gebracht. Zuschläglich weiterer 24 kg für Wärmeverluste usw. beträgt der Gesamtdampfverbrauch in diesem Falle etwa 65 kg auf 100 kg Rüben.

Zu Fig. 30. Gegenstand der Untersuchung ist das in der Einleitung zu dieser Studie beschriebene Verdampfsystem. Es sind zwei hintereinandergeschaltete Saftkocher vorhanden, deren erster mit Kesseldampf beheizt wird, der Endbrüden des zweiten Saftkochers geht mit dem Maschinenrückdampf zusammen in den ersten Körper eines Quadruple-Effets. Die Vakuen werden mit dem Brüden des ersten Körpers dieses Quadruple-Effets beheizt. Es sind also im ganzen 6 Stufen vorhanden. Der Einfachheit

Maschinendampf 10 at Überdruck, Kochdampf 2 at Überdruck, Rückdampf 0,5 at Überdruck.

6 Stufen.

$t_0 = 130^0$, $t_1 = 120^0$, $t_2 = 109^0$, $t_3 = 98^0$, $t_4 = 87^0$, $t_5 = 76^0$, $t_x = 65^0$.

Vakuen mit Brüden vom 3. Körper.

Kochdampf in den 1. Körper, Rückdampf in den 3. Körper.

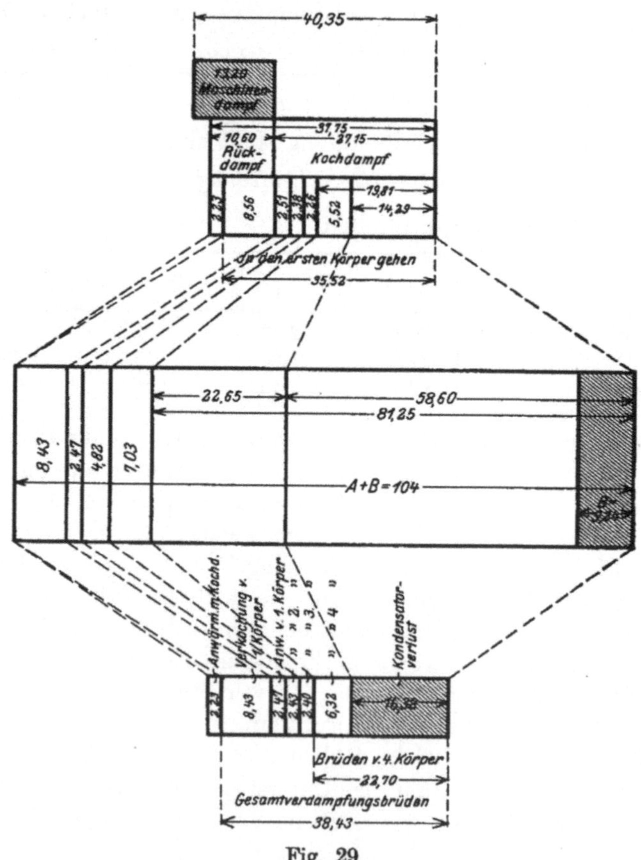

Fig. 29.

halber sind die einzelnen Körper dieses Systems fortlaufend mit erstem bis sechstem Körper bezeichnet. Die Berechnungsweise ist wieder dieselbe wie vorher, bis auf einen Punkt, auf den noch besonders aufmerksam gemacht werden soll.

Die in Frage kommenden Daten lauten hier folgendermaßen:

Temperaturen	Verdampfungswärme	Anwärmung erfolgt bis	Δt	$V = \Delta t \cdot 118{,}1$	kg Heizbrüden
$t_0 = 130^0$	$r_0 = 516$	120^0	10^0	1181	2,29
$t_1 = 120^0$	$r_1 = 523$	110^0	11^0	1299	2,48
$t_2 = 109^0$	$r_2 = 531$	99^0	11^0	1299	2,44
$t_3 = 98^0$	$r_3 = 538$	88^0	11^0	1299	2,41
$t_4 = 87^0$	$r_4 = 546$	77^0	11^0	1299	2,38
$t_5 = 76^0$	$r_5 = 554$	66^0	11^0	1299	2,34
$t_8 = 65^0$	$r_x = 561$	55^0	30^0	3543	6,32
$t_x = 25^0$					

$W_k = 4541$. Mit r_3 sind hierfür 8,44 kg Brüden erforderlich. Einstufig werden im ersten Körper 2,48 kg verdampft, hierfür erforderliches a = 2,52 kg.

Im Unterschiede zu den vorhergehenden Fällen rufen 10,60 kg Maschinenrückdampf im dritten Körper auch noch eine einstufige Verdampfung hervor. 10,60 kg verdampfen hier $\frac{10{,}60 \cdot 530}{538}$ = 10,45 kg. Diese 10,45 kg dienen zur Deckung der 8,44 kg für Verkochung und bestreiten außerdem noch 2,01 kg von dem Endbrüden, der für Anwärmungszwecke vom dritten Körper abgelenkt wird. Von diesem Endbrüden bleiben demnach nur noch 2,41 — 2,01 = 0,40 kg für mehrstufige Verdampfung übrig. Die einstufige Verdampfung des dritten Körpers ist aber bei der Verteilung der Verdampfungsleistung auf die einzelnen Körper und bei der Berechnung von N wohl zu berücksichtigen.

In die mehrstufige Verdampfung treten im ersten Körper ein 104 — 2,48 = 101,52 kg Lösungswasser und 101,52 + 26 = 127,52 kg Lösung = l_0.

Mehrstufig werden daher verdampft im:

1. Körper	2. Körper	3. Körper	4. Körper	5. Körper	6. Körper
2,44	2,44	10,45 *)	—	—	—
0,40	0,40	0,40	—	—	—
2,38	2,38	2,38	2,38	—	—
2,34	2,34	2,34	2,34	2,34	—
6,32	6,32	6,32	6,32	6,32	6,32
13,88	13,88	21,89	11,04	8,66	6,32

*) einstufig

und in Ergänzung auf 101,52

4,30	4,31	4,31	4,31	4,31	4,31
18,18	18,19	26,20	15,35	12,97	10,63

Es ist dann wieder für den

	A + B	N	D	N · D
2. Körper	36,37	3,51	21	73,5
3. "	62,57	2,04	32	65,5
4. "	77,92	1,64	43	70,5
5. "	90,89	1,41	54	76,2
6. "	101,52	1,26	65	82,0

Der Kondensatorverlust ist hier auf 6,22 kg herabgedrückt.

Der der Verdampfstation entnommene Gesamtverdampfungsbrüden beträgt 33,03 kg. In den ersten Körper gehen 17,74 kg, in den dritten 10,60 kg. Es müssen im ganzen aufgewendet werden 30,63 kg Kessel- und Rückdampf und 20,03 kg Kochdampf + 13,20 kg Maschinendampf = **33,23 kg.** Die Vorschaltung der Saftkocher, die Vermehrung der Stufenzahl und die Erhöhung des Temperaturgefälles von 45° auf 65° haben hier eine abermalige Ersparnis von rund 7 kg zuwege gebracht. Die Einwirkung des Temperaturgefälles und der Stufenzahl zeigt sich vor allem in der Vergrößerung von B, das von 6,64 und 9,24 kg in den beiden ersten Fällen auf 19,53 angewachsen ist, mithin rund 20 % der ganzen Verdampfung bestreitet.

Setzt man für Wärmeverluste usw. wieder noch 24 kg ein, so dürfte der Gesamtdampfverbrauch in diesem Falle 57 kg betragen.

Zu Fig. 31 u. 32. Die diesen Figuren zugrunde liegenden beiden Verdampfsysteme sind dem gemeinsamen Bestreben entsprungen, die als unangenehm und kostspielig empfundene 6-Zahl der Körper zu vermeiden dadurch, daß man den Maschinenrück dampf in der Verdampfstation mehr als einmal benutzte. Man glaubte so, mit 5 Körpern und 5 Stufen auszukommen. Der Maschinenrückdampf mußte daher, da man den zur Heizung der Vakuen verwendeten Brüden nicht niedriger als mit etwa **100°** abgeben wollte, entsprechend höher gespannt werden, etwa auf 1,5 und 1,75 at Überdruck in den vorliegenden beiden Fällen.

Maschinendampf 12 at Überdruck, Kochdampf 1,5 at Überdruck, Rückdampf 1,5 at Überdruck.

5 Stufen.

$t_0 = 125^0$, $t_1 = 113^0$, $t_2 = 101^0$, $t_3 = 89^0$, $t_4 = 77^0$, $t_5 = 65^0$.

Vakuen mit Brüden vom 2. Körper.

Koch- und Rückdampf in den 1. Körper.

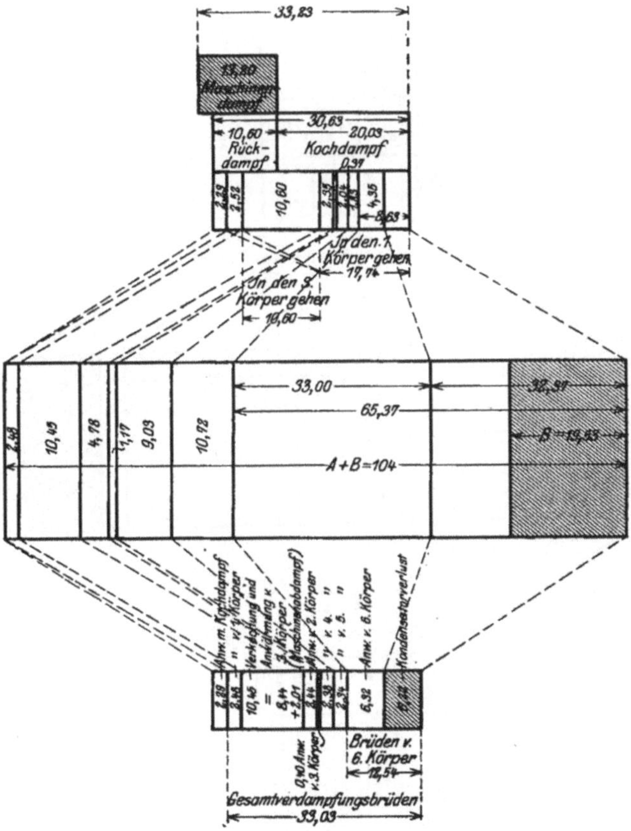

Fig. 30.

In Figur 31 ist der Maschinenabdampf auf 1,5 at Überdruck gespannt und geht mit einer dementsprechenden Temperatur von 125⁰ in den ersten Körper. Die Vakuen werden mit Brüden vom zweiten Körper beheizt, es findet also eine

Maschinendampf 14 at Überdruck, Kochdampf 1,75 at Überdruck,
Rückdampf 1,75 at Überdruck.

5 Stufen.

$t_0 = 130^0, \quad t_1 = 120^0, \quad t_2 = 109^0, \quad t_3 = 98^0, \quad t_4 = 82^0, \quad t_x = 65^0.$

Vakuen mit Brüden vom 3. Körper.

Koch- und Rückdampf in den 1. Körper.

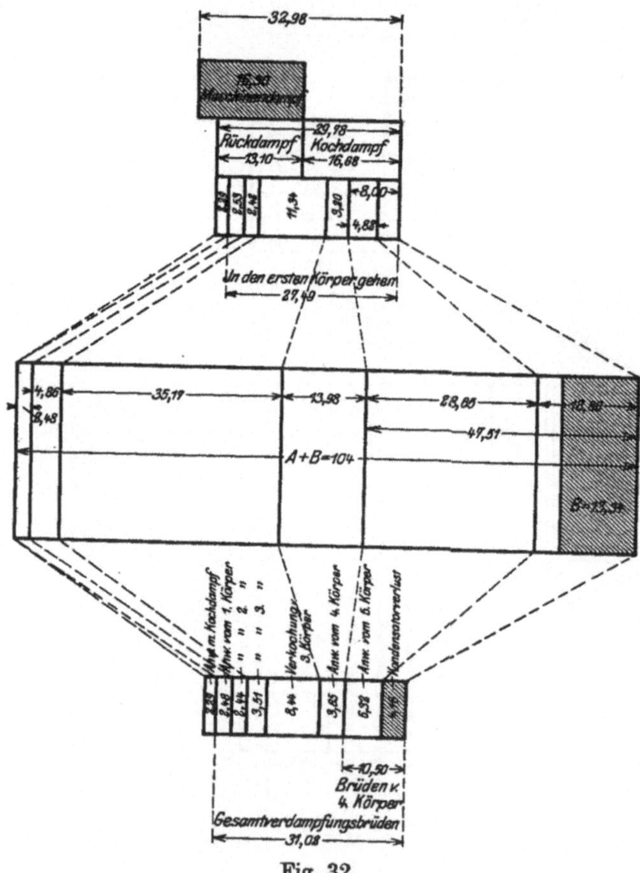

Fig. 32.

zweimalige Ausnutzung des Maschinenabdampfes in der Verdampfstation statt.

In Figur 32 ist der Druck des Maschinenrückdampfes 1,75 at Überdruck. Er gelangt also mit 130⁰ in den ersten Körper. Hier werden nach dreifacher Ausnutzung des Abdampfes die Vakuen mit Brüden vom dritten Körper beheizt. Die Verdampfungsendtemperatur ist in beiden Fällen mit $t_x = 65^0$ in alter Höhe beibehalten.

Zu Fig. 31. Die Zahlen der zur Berechnung benutzten Tabellen sind folgende:

Temperaturen	r	Anwärmung bis	Δt	V	kg Heizbrüden e
$t_0 = 125^0$	$r_0 = 520$	113^0	10^0	1181	2,27
$t_1 = 113^0$	$r_1 = 527$	103^0	12^0	1416	2,69
$t_2 = 101^0$	$r_2 = 536$	91^0	12^0	1416	2,64
$t_3 = 89^0$	$r_3 = 545$	79^0	12^0	1416	2,60
$t_4 = 77^0$	$r_4 = 553$	67^0	12^0	1416	2,57
$t_x = 65^0$	$r_x = 561$	55^0	30^0	3543	6,32
$t_s = 25^0$					

$W_k = 4541$, mit r_2 hierfür erforderliches $e = 8{,}47$ kg. Einstufig werden im ersten Körper verdampft 2,69 kg, a hierfür = 2,73 kg. Mehrstufig bleiben zu verdampfen 104 — 2,69 = 101,31 kg, $l_0 = 101{,}31 + 26 = 127{,}31$ kg.

Verdampfungsverteilung.

1. Körper	2. Körper	3. Körper	4. Körper	5. Körper
2,64	2,64	—	—	—
8,47	8,47	—	—	—
2,60	2,60	2,60	—	—
2,57	2,57	2,57	2,57	—
6,32	6,32	6,32	6,32	6,32
22,60	22,60	11,49	8,89	6,32
dazu				
5,88	5,88	5,88	5,88	5,89
28,48	28,48	17,37	14,77	12,21

Dementsprechend ist für den

	A + B	N	D	N · D
2. Körper	56,96	2,23	24	53,6
3. ,, ...	74,33	1,71	36	61,5
4. ,, ...	89,10	1,43	48	68,7
5. ,, ...	101,31	1,26	60	75,6

Kondensatorverlust 7,13. Gesamtverdampfungsbrüden 32,42 kg. In den ersten Körper gehen 28,90 kg, an Koch- und Maschinenabdampf werden gebraucht 18,87 + 12,30 = 31,17 kg und an Maschinen- und Kochdampf 34,27 kg. Der Anteil der inneren Verdampfung ist B = 13,69 kg. **Zu Fig. 32.**

Temperaturen	r	Anwärmung bis	Δt	V	e
$t_0 = 130^0$	$r_0 = 516$	120^0	10^0	1181	2,29
$t_1 = 120^0$	$r_1 = 523$	110^0	11^0	1299	2,48
$t_2 = 109^0$	$r_2 = 531$	99^0	11^0	1299	2,44
$t_3 = 98^0$	$r_3 = 538$	88^0	16^0	1890	3,51
$t_4 = 82^0$	$r_4 = 550$	72^0	17^0	2010	3,65
$t_X = 65^0$	$r_X = 561$	55^0	30^0	3543	6,32
$t_3 = 25^0$					

$W_k = 4541$, mit r_3 hierfür erforderliches e = 8,44 kg. Einstufig werden im ersten Körper verdampft 2,48 kg, a hierfür = 2,53 kg. Mehrstufig bleiben zu verdampfen 104 — 2,48 = 101,52 kg, l_0 = 101,52 + 26 = 127,52 kg.

Verdampfungsverteilung:

1. Körper	2. Körper	3. Körper	4. Körper	5. Körper
2,48	2,48	—	—	—
3,51	3,51	3,51	—	—
8,44	8,44	8,44	—	—
3,65	3,65	3,65	3,65	—
6,32	6,32	6,32	6,32	6,32
24,40	24,40	21,92	9,97	6,32
dazu				
2,90	2,90	2,90	2,90	2,91
27,30	27,30	24,82	12,87	9,23

Dementsprechend ist für den

	A + B	N	D	N · D
2. Körper	54,60	2,34	21	49,2
3. „	79,42	1,61	32	51,5
4. „	92,29	1,38	48	66,2
5. „	101,52	1,26	65	81,9

Kondensatorverlust 4,18. Gesamtverdampfungsbrüden 31,02. In den ersten Körper gehen 27,49 kg, an Koch- und Maschinenabdampf werden gebraucht 16,68 + 13,10 = 29,78 kg und an Maschinen- und Kochdampf 32,98 kg. Der Anteil der inneren Verdampfung ist B = 18,86 kg.

Die beiden Figuren zeigen, daß nur mit der zweiten Anordnung bei dreifacher Benutzung des Maschinenabdampfes in der Verdampfstation ein kleiner wärmewirtschaftlicher Vorteil gegenüber dem beschriebenen und untersuchten 6-Körper-Apparat zu erzielen ist. Auch dieser geringe Vorteil dürfte in Anbetracht der nicht unerheblich höheren Kosten für den höher gespannten Maschinendampf stark zusammenschrumpfen. Das System der Figur 31 ist auf jeden Fall ungünstiger. Der ungünstigere Gütegrad dieses Systems bestätigt wieder den großen Einfluß des Temperaturgefälles und der Stufenzahl.

Praktisch wird man die geringere Zahl der Verdampfkörper und die weniger komplizierte Anordnung auf die Gutseite zu buchen haben, bei Figur 31 auch die geringere Anfangstemperatur der Verdampfung. Dem gegenüber stehen die höheren Kosten für Maschinen und Dampfkessel, auch die einzelnen Verdampfkörper müssen größer ausfallen als die des 6-Körper-Apparates. Fast ist anzunehmen, daß auch hier Gewinn und Nachteile sich annähernd aufheben werden. Die drei letzten untersuchten Verdampfsysteme stehen eben schon auf einer für unsere jetzigen technischen Hilfsmittel so hohen Stufe der Ausnutzung, daß durch Verschiebungen in der Dampfverteilung, wenn nur das System der Saftkocher beibehalten wird, kaum noch eine wesentliche Veränderung nach oben oder unten eintreten wird.

Zu Fig. 33. Die Erfolge, die dadurch herbeigeführt wurden, daß man den Heizbrüden für die Vakuumstation möglichst weit hinten aus der Verdampfstation entnahm, und den Maschinenabdampf bis dahin möglichst oft ausnutzte, sowie der als ungünstig wirkend erkannte Kondensatorverlust führten dazu, ein gänzlich neues System der sogenannten „Druckverdampfung“ vorzuschlagen, in das der Maschinenabdampf mit möglichst hoher Spannung am ersten Körper eintritt, und dem der noch ohne Luftleere erzeugte Vakuumheizbrüden aus dem letzten Körper entnommen

Maschinendampf 14 at Überdruck, Kochdampf 2,5 at Überdruck, Rückdampf 2,5 at Überdruck.

4 Stufen.

$t_0 = 138^0$, $t_1 = 129^0$, $t_2 = 120^0$, $t_3 = 110^0$, $t_x = 100^0$.

Vakuen mit Brüden vom 4. Körper.

Koch- und Rückdampf in den 1. Körper.

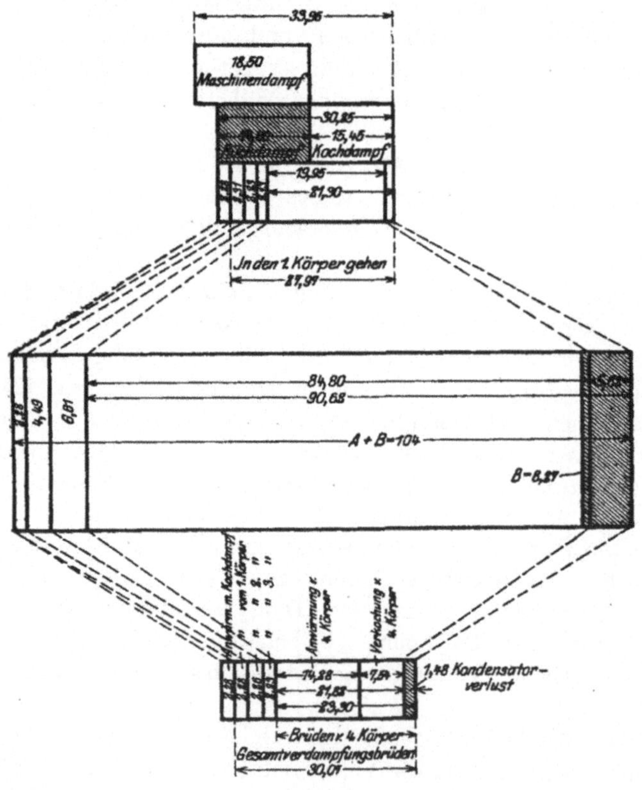

Fig. 33.

wird. Ein solches System ist in Figur 33 behandelt, wobei 4 Stufen von 138^0 bis 100^0 angenommen wurden. Kochdampf und Maschinenrückdampf haben gleicherweise 2,5 at Überdruck.

Die zur Berechnung benutzten Zahlentabellen lauten:

Temperaturen	r	Anwärmungs-temperatur	Δt	V	e
$t_0 = 138^0$	$r_0 = 511$	129^0	9	1164	2,28
$t_1 = 129^0$	$r_1 = 517$	120^0	10	1181	2,28
$t_2 = 120^0$	$r_2 = 523$	110^0	10	1181	2,26
$t_3 = 110^0$	$r_3 = 530$	100^0	10	1181	2,23
$t_x = 100^0$	$r_x = 537$	55^0	65	7680	14,28
$t_s = 25^0$					

W_k wird in diesem Falle geringer, da der Dicksaft jetzt mit 100^0 der Vakuumstation zufließt. Nach Einsetzung der entsprechend geänderten Zahlen ergibt sich aus Gleichung 4) Kapitel VI für W_k der Wert

$$W_k = 4048 \text{ cal.}$$

An Heizbrüden von r_x Verdampfungswärme sind hierzu 7,54 kg aufzuwenden. Einstufig werden im ersten Körper verdampft 2,28 kg, das hierfür erforderliche a ist gleich 2,31 kg. Mehrstufig zu verdampfen bleiben 104 — 2,28 = 101,72 kg. $l_0 = 101{,}72 + 26 = 127{,}72$ kg.

Die Verdampfungsverteilung stellt sich dann folgendermaßen:

	1. Körper	2. Körper	3. Körper	4. Körper
	2,26	2,26		
	2,23	2,23	2,23	
	14,28	14,28	14,28	14,28
	7,54	7,54	7,54	7,54
	26,31	26,31	24,05	21,82
dazu				
	0,80	0,81	0,81	0,81
	27,11	27,12	24,86	22,63

Demzufolge ist für den

	A + B	N	D	N · D
2. Körper	54,23	2,36	18	42,4
3. Körper	79,09	1,61	28	45,0
4. Körper	101,72	1,25	38	47,8

Der Kondensatorverlust ist auf 1,48 kg zusammengeschmolzen, der Gesamtverdampfungsbrüden ist gleich 30,07 kg. In den ersten Körper gehen 27,97 kg, gebraucht werden 15,45 kg Kochdampf und 14,80 kg Maschinenabdampf, zusammen 30,25 kg und 18,50 kg Maschinendampf + 15,45 kg Kochdampf, zusammen 33,95 kg. Der Anteil der inneren Verdampfung stellt sich nur auf B = 8,27 kg. Ein wärmewirtschaftlicher Vorteil ist also gegenüber den drei vorhergehenden Systemen nicht eingetreten, zumal wenn man die hohen Kosten des großen Anteils Maschinendampf berücksichtigt. Dabei ist der Kondensatorverlust annähernd gleich Null. Es ist also ein Trugschluß, von der kondensatorverlustfreien Verdampfung, der Druckverdampfung, eine bessere Dampfausnutzung zu erwarten.

Daß dem so sei, hätte schon aus den Darlegungen des Kapitels V entnommen werden können. Der Kondensatorverlust ist eben nur ein Maßstab für die Güte der äußeren Verdampfung, nicht aber für die der inneren. Daß die innere Verdampfung hier schlecht ist, geht aus dem geringen B hervor. Schuld hieran ist die geringe Stufenzahl und das niedrige Temperaturgefälle. Daß man zu einem derartigen Trugschluß gelangen konnte, liegt somit zum großen Teil daran, daß man bisher noch immer gewohnheitsmäßig den Einfluß der inneren Verdampfung vernachlässigte, ihre Berechnung durch Aufwiegen mit angenommenen Wärmeverlusten ausschloß.

Weiter ist bislang meistens der höhere Wärmeverbrauch der Anwärmung übersehen worden. Der Endpunkt der Verdampfung liegt hier bei 100^0, also 35^0 höher als in den anderen Fällen. Nach Kapitel V sind diese 35^0 aber voll einzusetzender höherer Wärmebedarf. Dieser höhere Wärmebedarf wird durch den geringeren Wärmeverbrauch der Verkochstation aber nur zu einem kleinen Teile aufgehoben, da das Wärmefassungsvermögen des Dicksaftes unter Berücksichtigung seiner geringeren Menge kaum $^1/_8$ derjenigen des Dünnsaftes ausmacht.

Auch von praktischem Gesichtspunkte aus kann die Verminderung der Körperzahl nicht die höheren Maschinenkosten und Kesselanlagekapitalien aufwiegen. Dazu kommen noch die vom zuckertechnischen Standpunkt aus durchweg zu hohen Verdampfungstemperaturen. Die Druckverdampfung kann demnach vom theoretischen und praktischen Standpunkt aus nicht als Fortschritt angesehen werden.

Der Kondensator trägt seinen Ruf als leider unentbehrliches Übel zu Unrecht. Man soll nicht über die auftretenden Kondensatorverluste klagen, solange sie sich in gehörigen Grenzen halten, sondern bedenken, daß sie durch andere Vorteile meistens mehr als aufgehoben werden.

Zu Fig. 34. Eine wesentlich bessere Dampfverteilung bei noch wirtschaftlichem Maschinengegendrucke, bei nicht zu hohen Temperaturen und gutem Wärmegefälle läßt sich durch eine kleine Änderung des in Figur 30 behandelten Systems erreichen. Es braucht hier nur der Rückdampf von 0,5 at Überdruck auf 1 at Überdruck gebracht und in den zweiten statt in den dritten Körper geschickt zu werden. Temperaturen, Verdampfungswärme und Anwärmebedarf ändern sich gegenüber Figur 30 nicht, die dort geltenden Zahlen bleiben also bestehen. Nur die Dampfverteilung wird anders. Im ersten Körper werden einstufig verdampft 2,48 kg, erforderliches a = 2,52. Mehrstufig zu verdampfen bleiben 104 — 2,48 = 101,52 kg; l_0 = 101,52 + 26 = 127,52 kg. Für den Maschinenabdampf ist nur zu berücksichtigen, daß 11,66 kg im zweiten Körper verdampfen: $\frac{11{,}66 \cdot 523}{531}$ = 11,48 kg = 2,44 kg Anteil e des zweiten Körpers + 9,04 kg. Diese 9,04 kg verdampfen im dritten Körper: $\frac{9{,}04 \cdot 531}{538}$ = **8,93 kg** = 8,44 kg Anteil Heizbrüden für Verkochung + 0,49 kg Anteil e des dritten Körpers. Vom e des dritten Körpers bleiben demnach noch 2,41 — 0,49 = 1,92 kg vom ersten Körper ab zu verdampfen. Die Dampfverteilung stellt sich demnach folgendermaßen:

1. Körper	2. Körper	3. Körper	4. Körper	5. Körper	6. Körper
	2,44				
	9,04	8,44			
	0,49	0,49			
1,92	1,92	1,92			
2,38	2,38	2,38	2,38		
2,34	2,34	2,34	2,34	2,34	
6,32	6,32	6,32	6,32	6,32	6,32
12,96	24,44	21,89	11,04	8,66	6,32
dazu					
2,70	2,70	2,70	2,70	2,70	2,71
15,66	27,14	24,59	13,74	11,36	9,03

Maschinendampf 12 at Überdruck, Kochdampf 1,75 at Überdruck, Rückdampf 1,0 at Überdruck.

6 Stufen.

$t_0 = 130^0$, $t_1 = 120^0$, $t_2 = 109^0$, $t_3 = 98^0$, $t_4 = 87^0$, $t_5 = 76^0$, $t_x = 65^0$.

Vakuen mit Brüden vom 3. Körper.

Kochdampf in den 1. Körper, Rückdampf in den 2. Körper.

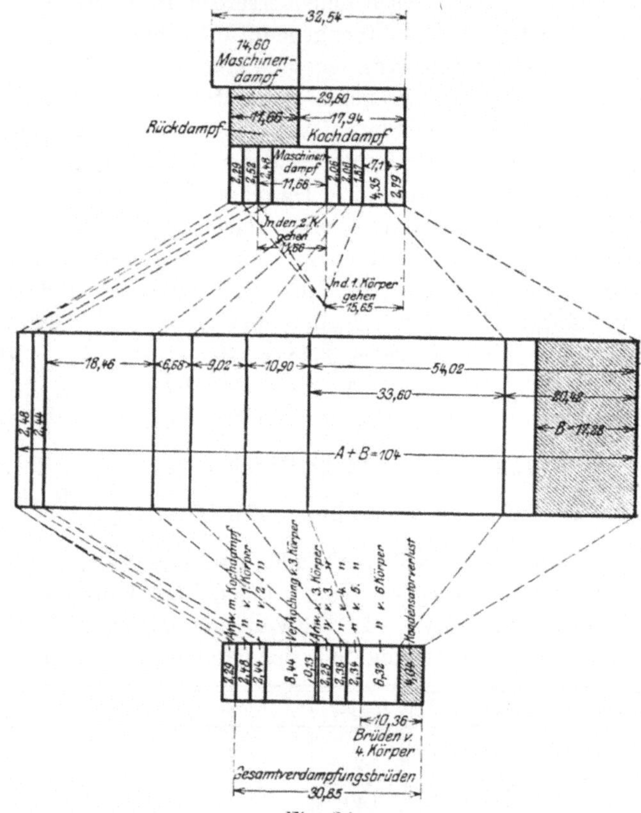

Fig. 34.

Hieraus folgt dann für den

	A + B	N	D	N · D
2. Körper	42,80	2,98	21	63
3. Körper	67,39	1,89	32	61
4. Körper	81,13	1,57	43	68
5. Körper	92,49	1,38	54	74,5
6. Körper	101,52	1,25	65	81,3

Für die Arbeit des Maschinenabdampfes im dritten Körper ist aber noch besonders zu berechnen:

$$l_0 = 127{,}52 - 15{,}66 = 111{,}86 \text{ kg.}$$

$$A + B = 27{,}14 + 24{,}59 = 51{,}73$$

$$N = \frac{111{,}86}{51{,}73} = 2{,}16. \qquad D = 22. \qquad N.\,D. = 47{,}5 \text{ kg.}$$

Der Kondensatorverlust ist hier nur 4,04 kg, der Gesamtverdampfungsbrüden = 38,85 kg. In den ersten Körper gehen 15,65 kg, in den zweiten Körper 11,66 kg. Im ganzen werden verbraucht 17,94 kg Kochdampf + 11,66 kg Rückdampf = 29,60 kg und 17,94 kg Kochdampf + 14,60 kg Maschinendampf = 32,54 kg. Die innere Verdampfung beträgt B = 17,28 kg. Das letzte System ist also das günstigste von allen bislang untersuchten.

Schlußwort zu dem geführten Vergleich.

Wenn jetzt die Frage aufgestellt werden sollte, wo eine weitere Verbesserung der bislang bekannten besten Verdampfsysteme einzusetzen hätte, so müßte die Antwort nach dem Vorhergehenden etwa folgendermaßen lauten:

Eine andere Gruppierung der Dampfverteilung verheißt, wie schon ausgeführt, wenig Erfolg mehr. Auch eine Steigerung der Stufenzahl ist nach Kapitel II, k wenig Vorteil versprechend. Auch die innere Verdampfung läßt sich nur noch wenig steigern, da das Temperaturgefälle von 120^0 auf 65^0 nur noch mit wenig Nutzen nach oben oder unten auszudehnen ist. Lediglich die äußere Verdampfung könnte noch eine Vervollkommnung erfahren. Diese hätte zuerst in technischen Verbesserungen einzusetzen. Starke Konzentration der Maschinenleistung ist hier anzustreben, sowie Aufstellung von Maschinen, die bei wirtschaftlichem Kesseldruck (nicht über 12 at) und wirtschaftlicher Abdampfspannung (nicht über 1,0 at Überdruck) einen möglichst geringen Dampfverbrauch aufweisen und im Verhältnis hierzu die größte Abdampfmenge geben. Dampfturbinen erscheinen hierzu bei dem heutigen Stande ihrer Entwicklung wenig geeignet.

Ein weiteres Ziel würde sein, den Heizdampf für die Vakuuen mit geringerer Temperatur und mit geringerem Druck als bisher anzuwenden. Eine Temperatur von 85 bis 90° müßte hier bei geeigneter Bauart der Vakuumheizkammern und entsprechender Formgebung der Vakuen selber genügen.

Zu guterletzt wäre auch noch das Augenmerk auf die fast allgemein wieder verlassene Kondensatabdunstung zu richten. Durch Einbau zweckmäßiger Apparate ließe sich auch hier die unerwünschte Belastung der Heizkammern mit Kondenswasser vermeiden, die der hauptsächlichste Grund für die Abschaffung dieser Arbeitsweise war.